MUSÉE RÉTROSPECTIF

DES CLASSES 53-54

PÊCHE & CUEILLETTE

A L'EXPOSITION UNIVERSELLE INTERNATIONALE
DE 1900, A PARIS

RAPPORT

DU

COMITÉ D'INSTALLATION

MUSÉE RÉTROSPECTIF

DES CLASSES 53-54

PÊCHE. — CUEILLETTE

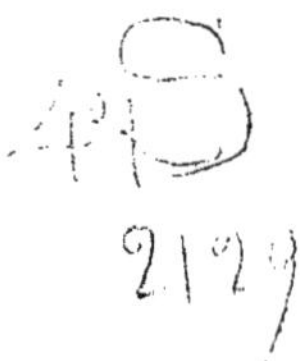

MUSÉE RÉTROSPECTIF

DES CLASSES 53-54

PÊCHE & CUEILLETTE

A L'EXPOSITION UNIVERSELLE INTERNATIONALE
DE 1900, A PARIS

RAPPORT

DU

COMITÉ D'INSTALLATION

Exposition universelle internationale de 1900

SECTION FRANÇAISE

Commissaire général de l'Exposition :
M. Alfred PICARD

Directeur général adjoint de l'Exploitation, chargé de la Section française :
M. Stéphane DERVILLÉ

Délégué au service général de la Section française :
M. Albert BLONDEL

Délégué au service spécial des Musées centennaux :
M. François CARNOT

Architecte des Musées centennaux :
M. Jacques HERMANT

COMITÉ D'INSTALLATION DE LA CLASSE 53

Bureau.

Président : Gerville-Réache (Gaston), député de la Guadeloupe, avocat à la Cour d'appel de Paris, président du Comité consultatif des Pêches maritimes.

Vice-Présidents :
- Perrier (Edmond), O. ✻, membre de l'Institut et de l'Académie de médecine, professeur au Muséum, membre du Comité consultatif des Pêches maritimes.
- Le Play (le docteur Albert), sénateur de la Haute-Vienne.

Rapporteur : Falco (Alphonse), ✻, président de la Chambre syndicale des négociants en perles fines.

Secrétaire : Chansarel (Paul), ✻, sous-directeur au Ministère de la Marine.

Trésorier : Drouelle (Emile), perles et nacre.

Membres.

MM. Altazin (Emile), armateur, juge au Tribunal de commerce de Boulogne-sur-Mer.

Berthoule (Amédée), membre du Comité consultatif des Pêches maritimes.

Bonamy (Auguste), filets et pêche.

Bouclet (Louis), armateur.

Bourdon (Léon), ustensiles pour la pêche.

Canu (Eugène), directeur de la station aquicole de Boulogne-sur-Mer, membre du Comité consultatif des pêches maritimes.

Durassier (Henry), O. ✻, directeur de la marine marchande au Ministère de la Marine.

Raveret-Wattel (Casimir), O. ✻, directeur de la station aquicole de Fécamp, vice-président de la Société centrale d'aquiculture et de pêche de France.

Thuillier-Buridard (Paul), filets de pêche.

COMITÉ D'INSTALLATION DE LA CLASSE 54

Bureau.

Président : Dubois (le docteur Emile), député de la Seine, mycologue.

Vice-Président : Guignard (Léon), ✻, membre de l'Institut et de l'Académie de médecine, professeur à l'Ecole supérieure de pharmacie.

Rapporteur : Coirre (Gaston), ✻, produits d'herboristerie et de pharmacie, juge au Tribunal de commerce de la Seine.

Secrétaire : Couturieux (Charles), pharmacien-chimiste, ancien chef de laboratoire des hôpitaux de Paris.

Trésorier : Fumouze (Victor), produits pharmaceutiques.

Membres.

MM. Armet de Lisle (Emile), ✻, quinquinas.

Bélières (Auguste), pharmacien, directeur de la Pharmacie normale.

MM. Chevrier (Antoine), ✻, produits d'herboristerie et de pharmacie (1).
Chouanard (Emile), ingénieur des Arts et Manufactures, engins et instruments de cueillettes.
François (Lucien), caoutchouc.
Gouvy (Félix), instruments des cueillettes.
Lehucher (Victor), champignons.
Meunier (le docteur Léon), ancien interne des hôpitaux de Paris, collectionneur.
Radais (Maxime), professeur agrégé de botanique, chargé de cours à l'École supérieure de pharmacie.

COMMISSION DU MUSÉE RÉTROSPECTIF DES CLASSES 53-54

MM. Altazin (Emile). } Classe 53.
Berthoule (Amédée). }

Armet de Lisle (Emile). } Classe 54.
Chouanard (Emile). }
Radais (Maxime). }

Rapporteur du Musée rétrospectif.

M. Couturieux (Charles), avec le concours de M. P. Chassarel, pour la Classe 53.

(1) Décédé et remplacé par M. Leprince (Maurice), pharmacien.

Vases et mortiers de pharmacie. (*Collection Heudier.*)

AVANT-PROPOS

Antoine Laurent de Jussieu (1748-1836) (d'après une estampe de la *Bibliothèque nationale*).

L'exposition rétrospective des Classes 53 et 54 du groupe IX, située à l'entrée du Palais des Forêts, occupait une superficie générale de 250 mètres carrés.

Le groupe IX comprenait les Classes 49 (matériel et procédés des exploitations et des industries forestières), 51 (armes de chasse), 52 (produits de la chasse), 53 (engins, instruments et produits de la pêche), 54 (engins, instruments et produits des cueillettes). La classification avait ainsi réuni en un même ensemble des classes très différentes les unes des autres et que seule l'origine naturelle des produits exposés rapprochait.

L'organisation d'un Musée général rétrospectif et intéressant l'ensemble du Groupe eût été dans ces conditions fort difficile. En dehors de la Classe 51, celle du Groupe qui avait le plus de facilité pour organiser son Musée et qui réunit une foule de richesses, il n'y eut que les Classes 53 et 54 qui groupèrent un certain nombre d'exposants.

La Classe 53 (engins, instruments et produits de la pêche), grâce à l'activité de son président, M. Gerville-Réache, de son secrétaire, M. Chansarel, et de sa Commission spéciale, nous a montré des collections fort intéressantes, composées de modèles d'anciens bateaux de pêche ; d'engins, d'ouvrages et de gravures se rapportant à l'histoire de la pêche. Les municipalités de Boulogne-sur-Mer, des Sables-d'Olonne ; les Chambres de commerce de Marseille, de Fécamp ; M. Henri Le Goff, de Paris, qui figuraient parmi les exposants, avaient bien voulu confier une partie de leurs riches collections ; nous leur adressons nos sincères remerciements. La comparaison attentive de ces objets avec ce qui se fait maintenant permettra de se rendre compte des progrès accomplis par la grande pêche pendant le siècle dernier, quoique au premier abord les différences entre les anciens bateaux, les vieux engins et les modernes paraissent peu sensibles. On trouvera d'ailleurs, plus loin, au compte rendu spécial de la Classe 53, une notice complète sur cette instructive exposition.

La Classe 54 (engins, instruments et produits des cueillettes) ne pouvait montrer dans son Musée que les vieux engins, instruments, vases, etc., ayant servi à la récolte, ou à la conservation des produits naturels d'origine végétale, ou des ouvrages et gravures s'y rapportant ; c'est dire combien son cadre était restreint et combien il lui était difficile d'organiser une exposition méthodique montrant les objets primitifs, leurs transformations, leurs perfectionnements successifs. Il est en effet de toute évidence que ces objets ont peu varié et que les produits de la terre, eux, n'ont pas varié du tout ; s'ils ont subi des applications nouvelles, nombreux sont ceux qui, employés en pharmacie, sont tombés dans l'oubli, aussi nombreux d'ailleurs ceux qui les ont remplacés ! Malgré ces difficultés, le musée de la Classe 54, grâce au zèle de ses organisateurs, put grouper, surtout au point de vue pharmaceutique, quelques riches collections : mortiers, faïences, gravures, ouvrages, d'un très haut intérêt

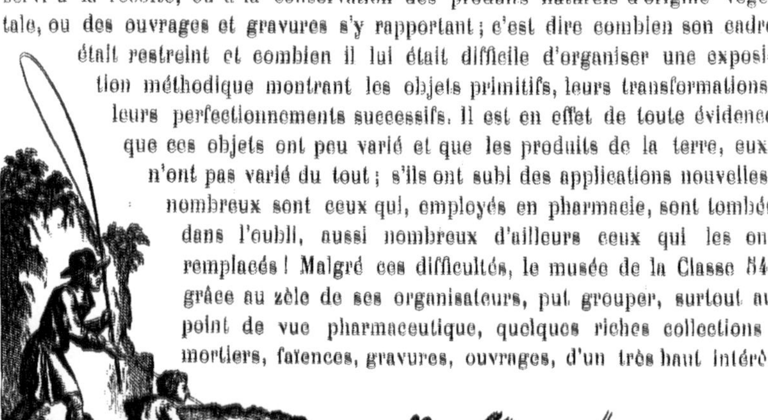

Pêcheurs à la ligne et hameçons.

(Gravure extraite de l'*Encyclopédie méthodique*.)

et d'une très grande valeur. Une partie de la collection Barla (moulages de champignons) y a également figuré : on trouvera plus loin, à la partie de ce rapport consacrée à la Classe 54, une description détaillée des riches collections de

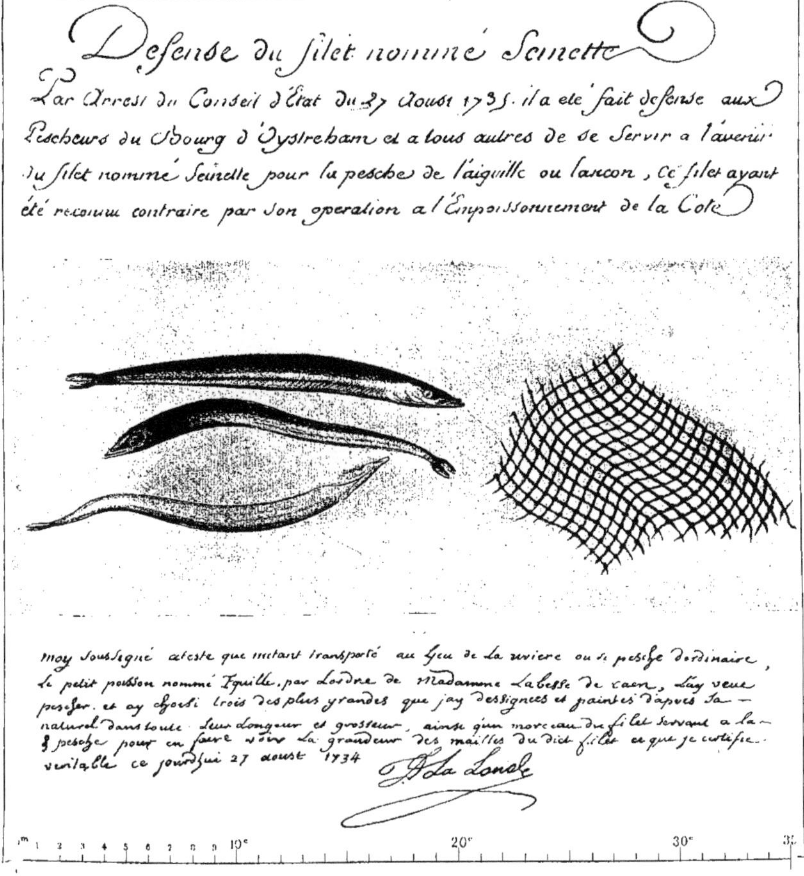

Deffense du filet nommé Seinette

Par Arrest du Conseil d'Etat du 27 Aoust 1735 il a ete fait deffense aux Pescheurs du Bourg d'Oystreham et a tous autres de se servir a l'avenir du filet nommé Seinette pour la pesche de l'aiguille ou lancon, ce filet ayant été reconnu contraire par son operation a l'Empoissonnement de la Cote

moy soussigné atteste que m'étant transporté au lieu de la riviere ou se pesche d'ordinaire le petit poisson nommé Equille, par l'ordre de Madamme L'abesse de Caen, l'ay veue pescher. et ay choisi trois des plus grandes que j'ay dessignées et paintes d'apres le naturel dans toute leur longeur et grosseur, ainsi qu'un morceau du filet servant a la pesche pour en faire voir la grandeur des mailles du dict filet ce que je certifie veritable ce jourdhui 27 aoust 1734

La Londe

Procès-verbal de pêche, saisie d'un filet à équilles (1734).
(D'après une aquarelle de la *Bibliothèque nationale.*)

MM. Heudier, Lépinois, de l'Ecole supérieure de Pharmacie, de la Société mycologique, etc., auxquels nous adressons nos sincères remerciements pour le prêt de leurs collections.

Avant de passer à l'historique succinct de l'Exposition de chacune des Classes 53 et 54, qu'il nous soit permis ici de remercier M. François Carnot, le très distingué Délégué aux Musées centennaux, M. Sarriau, pour son dévoué et savant concours, les Membres des Commissions centennales et des Comités des Classes 53, 54 et 52 (cette dernière, qui n'avait pas de Musée rétrospectif, a bien voulu contribuer pour une forte part aux frais d'impression du présent rapport), particulièrement MM. Goy, président du Groupe IX, et Dubois, président de la Classe 54, M. Tendron, à qui nous sommes redevables de plusieurs clichés photographiques, tous les Exposants qui, par leur collaboration, ont rendu notre tâche facile.

Jeton du Collège de Pharmacie (XVIIIe siècle).
(*Collection H. Sarriau.*)

LA PÊCHE A LA LIGNE

Gravure extraite de la **Vie de l'Empereur Maximilien.**

Bois de Hans Burgmair (*Bibliothèque nationale*).

Pêcheur à la fin du xve siècle.
(D'après un manuscrit de la *Bibliothèque de l'Arsenal.*)

EXPOSITION RÉTROSPECTIVE DE LA CLASSE 53

Engins, instruments et produits de la pêche. — Aquiculture.

Au premier étage du pavillon de la Chasse, des Pêches et des Cueillettes, l'exposition rétrospective des Pêches s'étendait de part et d'autre de la porte d'entrée. Dans ses vitrines, sur ses tables, à côté de documents, ouvrages sur les pêches, photographies, planches ou dessins, figuraient des apparaux, des engins de pêche et des modèles des divers bateaux employés depuis le commencement du siècle.

A la place d'honneur, on pouvait voir le portrait du créateur de l'ostréiculture en France. Nous voulons parler de Coste (Jean-Jacques-Marie-Cyprien-Victor), né à Castries (Hérault), en 1807, et mort en 1873, à Résenlieu, près de Gacé (Orne).

Coste fut d'abord professeur au Muséum, puis au Collège de France. Il devint membre de l'Académie des Sciences en 1851.

Après un voyage d'exploration sur les côtes de France et d'Italie, il fut nommé inspecteur général des Pêches maritimes et entreprit de créer en France une nouvelle industrie : l'ostréiculture. En même temps, il s'efforçait d'organiser des recherches de science appliquée qui, dans sa pensée, devaient servir de base à la pisciculture marine.

Pour réaliser son projet, Coste obtint la fondation à Concarneau, en 1859, d'un laboratoire et de viviers parfaitement organisés, qui existent encore aujourd'hui. Il fut aidé dans sa tâche par un collaborateur dévoué, dont le nom demeure justement attaché au sien : nous faisons allusion au pilote Guillou, dont le buste figurait aussi dans la Classe 53 (1). Ce marin, doué d'un esprit d'observation très développé, s'était depuis longtemps préoccupé de la conservation en vivier des homards et des langoustes et on lui doit de fortes études sur le développement de la première de ces espèces.

Les recherches de Coste et de Guillou ont été publiées en majeure partie dans les *Comptes rendus de l'Académie des Sciences* et de la *Société d'acclimatation*.

Pour terminer cette courte biographie de Coste, disons qu'après sa mort, le laboratoire qu'il créa à Concarneau fut donné au Muséum d'Histoire naturelle et que la concession des viviers fut alors accordée à son collaborateur, le pilote Guillou.

L'établissement de Concarneau est maintenant rattaché au Collège de France. Il est dirigé par M. le docteur Henneguy, professeur de cet établissement.

Des collections aussi intéressantes qu'importantes ont été envoyées à l'Exposition centennale des pêches par la municipalité de Boulogne-sur-Mer, par la Chambre de commerce de Fécamp, par les municipalités des Sables-d'Olonne et de Marseille et par M. Henri le Goff, de Paris.

La ville de Boulogne a fourni à cette exposition des documents très intéressants, qui permettent de se rendre compte des progrès accomplis dans la pêche au large depuis 1830. Ces documents, consistant en modèles et gabarits de bateaux, ont pu être exposés grâce à l'obligeance de MM. Pierre Lobez et Frédéric Hautin, anciens constructeurs de navires, et de la ville de Boulogne, qui avait envoyé les modèles les plus intéressants de son musée industriel.

Les modèles de chalutiers exposés nous indiquent que, jusque vers 1855, la pêche au chalut se faisait au large avec des bateaux dits *Sculte* (un mât d'avant et un mât au milieu) de 35 à 40 tonnes, naviguant avec 6 ou 8 hommes. Le gréement s'est transformé ensuite en un genre de cotre dit *Cache*, pour devenir, vers 1885, le gréement actuel de *Cache dundee*. On voit aussi l'application du premier haleur à vapeur vers 1885.

Quoique les modèles exposés s'arrêtent à cette époque, il est utile de mentionner que, depuis, des progrès constants ont été faits à Boulogne dans ce genre de pêche, et qu'après un essai infructueux, en 1880, d'un bateau à hélice, il a été

(1) Prêté par M. Fabre Domergue, inspecteur général des Pêches maritimes.

mis en armement, à partir de 1894, une vingtaine de chalutiers à vapeur ayant un tonnage de 120 à 220 tonneaux, une puissance de machine de 250 à 350 chevaux, une vitesse de 8 à 11 nœuds et montés par 15 hommes d'équipage.

Les modèles des bateaux faisant la pêche au hareng nous montrent les pro-

COSTE (J.-J.-M.-C.-V.), créateur de l'Ostréiculture en France.

(D'après une estampe de la *Bibliothèque nationale*.)

grès considérables accomplis dans ce genre de pêche à Boulogne, qui est devenu le port de pêche le plus important de la France.

Pour se rendre un compte exact de la progression constante de l'industrie de la pêche à Boulogne, il est bon de rappeler qu'à la fin du dix-septième siècle, le nombre des bateaux s'élevait à 80 environ, mais qu'il diminua jusqu'à 30 au commencement du dix-huitième siècle par suite du mauvais état du port. En 1754, il n'était que de 40 à 50 bateaux jaugeant de 6 à 45 tonneaux, et, en 1772, 36 bateaux seulement pêchant pour 80 000 francs de harengs. En 1789, la pêche entretenait 120 à 130 bateaux, dont 40 à 45 de 10 tonneaux pour le maquereau et le hareng; le nombre des hommes d'équipage dépassait 700, et le produit variait de 250 000 à 300 000 francs. En 1792, l'ensemble de ces pêches s'élevait à 400 000 francs, et, en 1831, la pêche du hareng, qui comprenait 63 bateaux, rapportait 850 000 francs.

Vers 1810, la pêche occupait 200 bateaux et s'appliquait :

1° Au maquereau, qu'on prenait avec des filets dits *Manets* de mai à août; les petits bateaux ayant 6 mètres de quille, 2m,50 à 3 mètres de bau et 8 hommes d'équipage; les grands, de 8 à 9 mètres de quille et 3m,50 à 4 mètres de bau; le produit en atteignait 150 000 francs;

2° Au hareng, qu'on prenait d'octobre à décembre avec les filets dits *Rois* et avec les mêmes bateaux;

3° Aux poissons divers (merlans, limandes, soles, carrelets, plies, raies), qu'on prenait dans l'intervalle des deux autres pêches avec des lignes munies d'hameçons ou avec des filets nommés *Trailles*.

En 1821, il existait à Boulogne 142 bateaux de pêche et, en 1836, 160 bateaux de 30 tonneaux et au-dessous; ces bateaux étaient gréés en lougre.

Le tonnage et le nombre restèrent stationnaires jusqu'en 1852, l'industrie de la pêche ayant subi pendant cette période une sérieuse crise par suite des achats en fraude que nos marins faisaient aux bateaux anglais. Le décret du 28 mars 1852 remédia à ces abus et, à partir de cette époque, le tonnage et le nombre des bateaux augmentèrent. En 1854, leur jauge est de 25 à 30 tonneaux, pour arriver à 65 tonneaux en 1868, 70 tonneaux en 1880, 100 tonneaux en 1890, et environ 120 tonneaux en 1899. Le gréement se modifia aussi vers 1860, époque à laquelle fut armé le premier dundee.

Les bateaux étaient tout d'abord montés par 13 hommes d'équipage, ensuite par 15 de 1845 à 1860, par 16 hommes jusqu'en 1867, par 17 hommes jusqu'en 1887, et actuellement par 18 et 20 hommes.

Vers 1870, avec le premier dundee, le haleur à vapeur fit son apparition. En 1875, presque tous les bateaux en étaient pourvus. Les premiers haleurs étaient des machines verticales de la force de 5 à 6 chevaux, coûtant 5 000 francs. Depuis, on a fabriqué des machines horizontales de la force de 7 à 8 chevaux et coûtant 4 000 francs.

En 1872, un premier essai de l'hélice fut fait sur un dundee construit en bois, avec l'hélice amovible pour éviter la destruction des filets lors de leur jet à la mer. Le résultat ne fut pas satisfaisant, et une seconde expérience, d'après les mêmes principes, fut faite vers 1880 avec un bateau en fer, gréé en dundee, d'un plus

Pesche du hareng en 1734

Et Son produit au port de Dieppe

Il a été Pesché

Sçavoir

Statistique de la pêche du hareng par les Dieppois en 1734.
(D'après un dessin de la Bibliothèque nationale.)

grand tonnage muni d'une machine plus puissante. Ce second essai ne donna pas encore de bons résultats.

En 1894 parut le premier steamer construit en fer avec une hélice fixe, cette hélice étant enfermée dans une cage pour protéger les filets. Les dimensions sont 40m,33 de longueur sur 7 mètres de largeur; jauge brute, 195 tonneaux; nette, 83 tonneaux 28; machine, 400 chevaux effectifs, vitesse 11 nœuds sans la cage et 9 nœufs avec la cage; coût, 145 000 francs.

En 1899 fut mis en armement un second steamer de dimensions à peu près semblables et d'une vitesse de 11 nœuds. Une modification sérieuse a été apportée dans ce steamer; la cage a été supprimée, mais le bateau a été muni d'un gouvernail à l'avant, ce qui permet de jeter les filets à la mer en faisant machine arrière et empêche ainsi l'hélice de faire des avaries aux filets.

On peut se rendre compte, par l'examen de la statistique ci-après, de la progression du tonnage des bateaux de pêche de Boulogne.

Années.	Nombre d'hommes embarqués.	Nombre de bateaux.	Tonnage total.
1857	3004	272	5040
1867	3130	205	6905
1870	3125	193	6365
1875	3343	242	7315
1880	3712	252	9062
1885	3621	304	8815
1890	4505	295	9329
1895	4948	378	17525
1898	4854	347	18223

Progression du produit total de la pêche à Boulogne :

Années.	Produit en francs.	Années.	Produit en francs.
1811	634476	1875	6964652
1821	1254637	1880	10026802
1831	1341720	1885	8806907
1841	2121368		
1851	2722319	1890	11603405
1861	4319714	1895	13035504
1871	7616173	1897	12752754

Nomenclature des objets exposés par la municipalité de Boulogne.

1° Modèles et gabarits de chalutiers :

Modèle d'un bateau gréé en sculte, employé à Boulogne de 1840 à 1850, exécuté par M. Bénard père en 1854. (*Ville de Boulogne.*)

Gabarit d'un chalutier construit en 1855. (*M. Frédéric Hautin fils.*)

Gabarit d'un bateau de pêche chalutier construit en 1871. (*M. Frédéric Hautin fils.*)

Modèle de chalutier boulonnais, échelle de 4 centimètres par mètre, employé à Boulogne depuis 1880. (*M. Frédéric Hautin, ancien constructeur.*)

Gabarit d'un bateau de pêche chalutier, construit en 1883. (*M. Frédéric Hautin fils.*)

Modèle de chalutier.
(*Musée de la ville de Boulogne.*)

2° Modèles et gabarits de bateaux de pêche au hareng :

Modèle d'un bateau pour la pêche au hareng, employé à Boulogne de 1830 à 1850, et actuellement à Etaples, près Boulogne. (*Ville de Boulogne.*)

Gabarit d'un bateau de pêche au hareng, de 10^{m},55, construit en 1840. (*M. Frédéric Hautin fils.*)

Modèle d'un bateau pour la pêche au hareng, employé à Berck de 1840 à 1850. Mesures réelles : longueur, 7^{m},25 ; largeur, 2^{m},65 ; jauge, 7 tonneaux. Exécuté par M. Beauvois, ancien constructeur. (*Ville de Boulogne.*)

Gabarit d'un bateau de pêche au hareng, de 13^{m},20, construit en 1850. (*M. Frédéric Hautin fils.*)

Modèle d'un bateau pour la pêche au hareng, avec cabestan à bras, employé à Boulogne de 1850 à 1870. Exécuté par M. Beauvois, ancien constructeur. (*Ville de Boulogne.*)

Gabarit du bateau n° 134, pour la pêche au hareng, bateau à clin, construit en 1851, gréé en lougre; longueur réelle, 12 mètres. (*M. Pierre Lobez, constructeur.*)

Gabarit du bateau n° 175, pour la pêche au hareng, bateau à franc bord construit en 1854, gréé en sculte; longueur réelle, $12^{m},30$. (*M. Pierre Lobez, constructeur.*)

Gabarit d'un bateau de pêche au hareng, de $14^{m},30$, construit en 1855. (*M. Frédéric Hautin fils.*)

Bâtiments normands pour la pêche de la morue.
(Gravure extraite de l'*Encyclopédie méthodique.*)

Gabarits des bateaux nos 421 et 468 pour la pêche au hareng, construits à franc bord avec barre d'ourdi et gouvernail en cône, en 1856 et 1857; longueur réelle, 14 mètres; gréés en lougre. (*M. Pierre Lobez, constructeur.*)

Gabarits des bateaux 517 et 523, construits à franc bord en 1857 et 1858, gréés en lougre; longueur réelle, 16 mètres. (*M. Pierre Lobez, constructeur.*)

Gabarit d'un bateau de pêche au hareng, de $16^{m},85$, construit en 1860. (*M. Frédéric Hautin fils.*)

Modèle d'un bateau pour la pêche au hareng employé à Equihen, près Boulogne, en 1860; mesures réelles : longueur, $4^{m},60$; largeur, 2 mètres; jauge, 6 tonneaux. (*Ville de Boulogne.*)

Modèle d'un bateau pour la pêche au hareng, avec machine à virer, employé à Boulogne de 1870 à 1880. Exécuté par M. Beauvois, ancien constructeur. (*Ville de Boulogne.*)

Gabarit d'un bateau de pêche au hareng, de 17^{m},85, construit en 1874.
(*M. Frédéric Hautin fils.*)

CHAMBRE DE COMMERCE DE FÉCAMP

Les objets que la Chambre de commerce de Fécamp a fait figurer à l'Exposition centennale des pêches peuvent être répartis en trois classes comprenant :

La première, des objets ayant servi à la pêche errante de la morue sur le banc de Terre-Neuve, telle qu'elle s'est pratiquée jusqu'à la Révolution française, ainsi qu'aux premières modifications qu'a subies cette pêche, tant à la fin du dix-huitième siècle que dans les premières années du dix-neuvième ;

La seconde, des engins ayant servi à la pêche, sur la côte de Terre-Neuve, soit pour la morue, soit pour l'encornet et le capelan, soit pour le homard, etc... ;

La troisième, enfin, des objets n'ayant qu'un caractère purement historique et ne se rapportant à la pêche que par les incidents auxquels elle a donné lieu pendant le dix-huitième et le commencement du dix-neuvième siècle.

I. — OBJETS AYANT SERVI A LA PÊCHE SUR LE GRAND BANC

1° *Ancienne ligne à main à balancier.* — C'est l'engin qui servait au temps de la pêche errante, quand les navires ne mouillaient pas sur le Banc et que les hommes pêchaient du pont où ils se tenaient toute la journée la ligne à la main. Elle se compose de la ligne proprement dite ou corde, de la grosseur d'un fort tuyau de plume et d'une longueur de cent brasses environ, et portant à son extrémité un plomb de 8 à 10 livres. Ce plomb, en forme de poire, était traversé transversalement par une tringle d'acier de 3 à 4 pieds de longueur et aux extrémités de laquelle s'attachaient deux cordes plus fines, appelées *Empiles*, de 6 à 10 mètres de longueur. Ces empiles portaient les haims, d'énormes haims en fer étamé, de 12 à 15 centimètres de longueur et pesant de 100 à 200 grammes chacun.

Préparation des morues.
(Gravure extraite de l'*Encyclopédie méthodique.*)

2° *Ancienne ligne à faux.* — Quand, attirée par une bande d'encornets ou de capelans, la morue quittait le fond et ne se laissait plus prendre aux hameçons boëttés de la ligne à main, les pêcheurs employaient la ligne à faux dont un exemplaire figurait dans notre collection. Elle se composait, comme la précédente, d'une grosse corde en chanvre mais beaucoup plus courte et sur laquelle était fixé directement le haim ou grappin à deux crochets recourbés en sens inverse et qui portait lui-même son plomb dont le poids pouvait atteindre 2 à 3 livres. On ne boëttait jamais cette ligne, que le pêcheur agitait dans l'eau à la façon du moissonneur qui manœuvre sa faux et qui accrochait les morues qu'elle rencontrait sur son passage.

3° *Ancienne ligne de fond des chaloupes.* — C'est la première qui fut employée par les pêcheurs de Fécamp, suivant l'exemple qui leur en avait été donné à la fin du dix-huitième siècle par le capitaine Sabot, de Dieppe. Elle se composait à cette époque de 24 ou 35 pièces de ligne semblable à celle de la ligne à main et qu'on ajoutait au bout l'une de l'autre pour former une seule tessure. Les avançons ou piles étaient frappés de distance en distance sur cette ligne et munis à leurs extrémités des mêmes gros hameçons en fer étamé que l'on boëttait de différents appâts. Chaque soir, la chaloupe du bord allait mouiller ces lignes dont l'une des extrémités restait à bord. On ne mouillait que deux lignes par bateau.

Barque pour la pêche à la morue.
(Gravure extraite de l'*Encyclopédie méthodique*.)

4° *Ancienne ligne de doris* qu'on employa vers 1875, quand on commença à remplacer les anciennes chaloupes par les doris, d'invention américaine. La corde de la ligne est plus fine, les avançons plus courts, les hameçons plus légers, mais ils restent pendant quelque temps encore en fer étamé et de fabrication française.

5° *Collection de haims anciens de fabrication française ayant servi à la pêche de la morue.* — Elle se compose de seize échantillons, tous en fer étamé, les uns garnis d'un plomb adhérent, en forme de morue, les autres à peu près nus et qui forment la gamme à peu près complète des haims employés à Terre-Neuve et sur le Banc depuis l'origine jusqu'à l'adoption relativement récente des haims en acier, de fabrication anglaise, norvégienne ou française.

6° *Collection de turluttes ayant servi depuis 1820 à la pêche de l'encornet sur le Banc.* — Elle se compose de six échantillons, dont les deux premiers, tout à fait primitifs, étaient faits sur les lieux de la pêche par les marins eux-mêmes, soit au moyen de haims à dadains, soit de petits haims à morue ; les quatre autres sont de fabrication industrielle et représentent les différents essais qui ont été faits de ces engins dont deux d'entre eux sont encore usités de nos jours. Trois des échantillons exposés sont montés sur leurs lignes.

7° *Haim à émerillon* monté pour la pêche des marasses ou grands chiens, dont quelques-uns atteignent la taille du requin, et qui font une guerre acharnée aux morues. L'exemplaire exposé n'a jamais servi et n'est qu'une reproduction.

8° *Anciennes chaudrettes pour la pêche du bulot.* — Les deux exemplaires envoyés sont les engins primitifs avec leur lourd cercle en fer forgé et leur filet grossier. Ce sont eux qui remplacèrent les mannes primitives, employées par les premiers capitaines fécampois qui essayèrent le bulot comme mode de boëttage de leurs lignes.

9° *Ancien moulin à bulot.* — Il représente le premier instrument qui fut employé à bord de nos terre-neuviers pour débarrasser rapidement le bulot de sa coquille quand ce mollusque fut définitivement adopté comme boëtte pour la pêche à la morue sur le Banc. Pendant les premières années, les matelots écrasaient eux-mêmes ces escargots de mer sur le pont du bâtiment en dansant dessus avec leurs grosses bottes de mer. Quand l'emploi du bulot se fut généralisé, on essaya, pour débarrasser l'animal de sa coquille, d'instruments analogues aux moulins qui servent à broyer les pommes pour faire le cidre. Ce fut le moulin à bulot.

Sorretterie de harengs.
(Gravure extraite de l'*Encyclopédie méthodique.*)

10° *Crible à bulot*, ayant servi à séparer le mollusque des débris de coquillages qui l'entourent après qu'il est passé au moulin.

11° *Modèle de chaloupe faisant la pêche au Banc* dans la première moitié du dix-neuvième siècle. Ce modèle, exécuté autrefois par la maison Capon, de Fécamp, représente l'ancienne chaloupe des terre-neuviers fécampois avec tout son gréement.

12° *Modèle de doris pour la pêche au Banc.* — Réduction exécutée par la maison Capon, de Fécamp, d'une de ces petites embarcations dont se servent nos pêcheurs depuis un quart de siècle pour aller mouiller leurs lignes le soir et les relever le lendemain matin. Le gréement du modèle est complet et comprend jusqu'à la baille dans laquelle est lavée la ligne.

II. — OBJETS AYANT SERVI TANT A LA PÊCHE QU'A LA PRÉPARATION DU POISSON SUR LE *French-Shore*

13° *Echantillon de senne à morue.* — Portion non montée d'un filet ayant servi à pêcher la morue dans une des baies du French-Shore de Terre-Neuve.

14° *Echantillon de senne à capelan.* — Portion non montée d'un filet ayant servi à pêcher le capelan dans une des baies du French-Shore de Terre-Neuve par un navire banquais de Fécamp, allé là pour y chercher de la boëtte qui lui manquait sur le Banc, avant l'adoption du bulot comme appât.

Préparation des morues.
Gravure extraite de l'*Encyclopédie méthodique.*

15° *Sallebardes anciennes.* — Sorte d'épuisettes ou de lanets très lourds qui servaient à enlever des sennes à capelan le poisson qui s'y trouvait pris pour l'amener à bord des chaloupes capelanières. Les deux exemplaires qui ont figuré à l'Exposition faisaient partie de l'armement d'un ancien banquais de Fécamp ayant été expédié à la côte de Terre-Neuve pour s'y approvisionner de boëtte.

16° *Collection de couteaux anciens*, qui servaient autrefois à la préparation de la morue au rond et au plat. — Cette collection renfermait huit échantillons de couteaux ayant servi à préparer la morue au rond comme au plat, tant dans la pêche au Banc que dans celle qui se pratique sur la côte de Terre-Neuve.

Lavage des sardines.
(Gravure extraite de l'*Encyclopédie méthodique.*)

17° *Elangueur.* — Pièce d'acier à deux pointes qui se plantait dans la lisse du navire à côté du pêcheur, et qui servait à accrocher la morue au sortir de l'eau pour lui arracher la langue.

18° *Cuiller à énocter.* — Le modèle envoyé à l'Exposition est un instrument ancien, bien que différant très peu des modèles actuels, et qui servait à enlever le sang du poisson après qu'il a été tranché, c'est-à-dire fendu en deux.

19° *Tonne à morue,* ayant servi à saler et rapporter la morue préparée au rond, tant sur le Banc qu'à la côte de Terre-Neuve.

20° *Presse à morue.* — L'exemplaire envoyé, qui est un peu massif et d'aspect grossier, a servi dans la première moitié du dix-neuvième siècle, pour presser et tasser dans les tonnes, sur les lieux de pêche, la morue que l'on préparait à la hollandaise.

21° *Tambour à homard.* — Cet échantillon est monté avec des débris de senne à capelan, pour faire un piège à homard.

III. — OBJETS AYANT UN CARACTÈRE HISTORIQUE SE RAPPORTANT A LA PÊCHE A TERRE-NEUVE

22° *Ancien pierrier anglais du dix-huitième siècle*, pris à l'ennemi par un terre-neuvier fécampois pendant la guerre de l'Indépendance américaine.

23° *Coffre en fer d'un corsaire fécampois*, de la même époque, avec splendide serrure ouvragée, appartenant à M. Augustin Le Borgne, de Fécamp, et venant de ses ancêtres.

24° *Harpon ancien non monté*, ayant servi à la pêche de la baleine dans les parages de Terre-Neuve et du Groënland au dix-huitième siècle.

25° *Harpon moderne*, monté pour servir à la pêche des souffleurs sur le banc de Terre-Neuve.

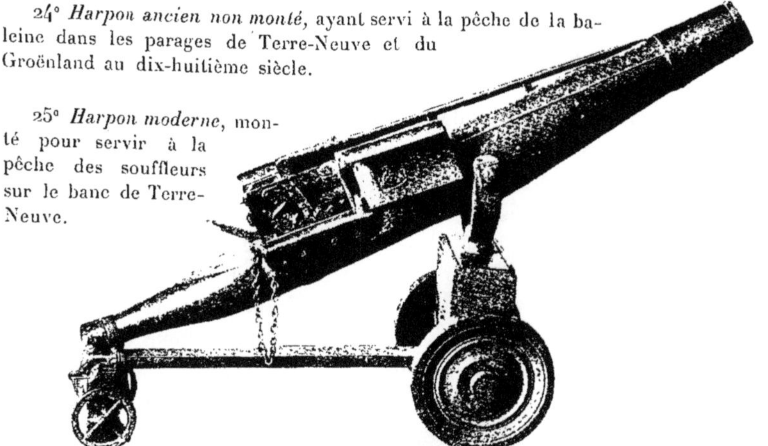

Pierrier anglais pris par un Terre-neuvier de Fécamp pendant la guerre de l'Indépendance américaine.

MUNICIPALITÉ DES SABLES-D'OLONNE

Le grant routtier & pilotage & enseignemẽt pour ancrer tant es portz/haures & autres lieux de la mer. Fait par Pierre garcie/dit Ferrãde. tãt des parties de France/Bretaigne/Angleterre/Espaigne/Flandres & haultes Almaignes. Auec les dãgers des portz/haures riuieres & chenalz des parties et regions dessusdictes. Auec vng kalendier et cõpost a la fin dudit liure: tresneccessaire a tous cõpaignõs. Et les jugemens doleron touchant le fait des nauires.

Cum priuilegio.

¶ On en trouuera a rouen chez Jehan burges demourant iouxte le moulin saint Ouen.

1484

A côté de l'exposition de la Chambre de commerce de Fécamp, se trouvait celle de la ville des Sables-d'Olonne, comprenant tout un groupe d'objets, de dessins de reproductions et de petits modèles de bateaux. Les vitrines de la municipalité des Sables-d'Olonne contenaient en outre un grand nombre d'ouvrages aux reliures anciennes, ouverts aux feuillets du titre ou montrant des planches et des gravures.

Parmi ces publications d'époques très différentes, qui permettent de suivre la marche progressive de l'hydrographie depuis le seizième siècle en ce qui concerne spécialement les Sables et la région maritime qui l'avoisine, il y a lieu de signaler une carte de Mercator, de 1585; un croquis manuscrit de la Ville des Sables-d'Olonne et de La Chaume, avec légende, de 1692, et de nombreuses cartes marines particulières aux côtes de l'Ouest, depuis l'embouchure de la Loire et la Bretagne jusqu'à l'Aunis et la Saintonge.

A ces documents, si précieux autrefois pour la navigation, faisait suite une collection de portulans et de guides côtiers pour les *maîtres de barques :* le *Grant Routier de Pierre Garcie Ferrande*, de Saint-Gilles-sur-Vic, avec ses figures sur bois, ouvrage pour ainsi dire introuvable ; plusieurs éditions du *Petit Flambeau de la Mer*, sorties des presses des Hovius, de Saint-Malo, et le *Nouveau Flambeau de la Mer*, dans lequel se trouvent des planches hors texte donnant des vues des côtes. Pour compléter l'hydrographie et la navigation, la Tour d'Arondelle, dessin de 1839, dont les marins âgés du pays se souviennent encore, et une intéressante notice sur la construction du phare des Barges, que publia l'ingénieur Marin.

Se viles de la mer en fore: lisledieu se mõstrera par troys bosses: & est tõb deuers lest le pl⁹ hault au meillieu: & est poitu deuers bas. et ya au bout deuers bas vne petite isle que lon appelle les chiens poyrynnes de quoy ay faict mention dessus.
¶ Pour bien congnoistre lisledieu: cest que tu verras aussi tost ou plus tost le clochier de leglise que la terre de belle veue.
Lisledieu gist est et noroest: et est semblable a ceste figure.

Vue de l'île d'Yeu.
Gravure extraite du *Grant routier et pilotaige* de Pierre Garcie Ferrande (1484).
(*Bibliothèque de l'Arsenal.*)

Il convient de noter également une collection d'objets destinés aux observations à la mer : anciens instruments, cercles, cosmographes, octants aux proportions énormes, compas de pêche dont les formes primitives font ressortir les progrès accomplis, depuis un siècle, dans l'art de la construction des instruments nautiques. Auprès d'eux figurent quelques débris du matériel de pêche des marins terre-neuviers sablais et une aquarelle du peintre de marine marseillais A. Roux, représentant le brick sablais *Marie*, un des derniers bâtiments expédiés dans ces parages pour la pêche de la morue. M. Amédée Odin, qui a été l'organisateur de cette exposition et à qui appartiennent un grand nombre des documents qui y figurent, a eu l'idée de reconstituer l'histoire, depuis un siècle, des bateaux de pêche olonais. A côté de véritables chefs-d'œuvre artistement travaillés par des charpentiers de navires de l'époque, existait toute une collection de modèles, depuis la chaloupe creuse de la fin du siècle dernier, telle que la décrit Duhamel du Monceau, jusqu'aux dundees des types les plus récents.

Le passé de l'amirauté des Sables revit avec les *Lois et Usages maritimes de l'Aquitaine du Nord,* les sentences, arrêts et ordonnances relatifs à l'exploitation, si variée déjà, des eaux salées avoisinant les rivages ; il fait ressortir les régimes de réglementation libérale alternant avec la prohibition, suivant les temps, les circonstances, les individus ou les idées alors ayant cours.

A côté de curieux détails sur l'histoire des pêcheries du Bas-Poitou et de l'Aunis, des écluses, des bouchots avec leurs acons, des parcs de la baie de l'Aiguillon, figurent des ouvrages rares sur l'huître et l'ostréiculture, montrant les étapes successives parcourues par cette dernière industrie pendant le dix-neuvième siècle. L'on y trouve les dissertations d'un juge au tribunal de Marennes, La Bilenerie, sur les *Causes de la couleur verte que ces animaux peuvent acquérir*, les hypothèses de Kemmerer et de Leroux ainsi que la description des expériences de Puységur.

La marine de guerre, les épisodes maritimes ayant eu pour théâtre les côtes vendéennes, tiennent aussi une place importante dans cette exposition de pêche ; aussi y trouve-t-on la collection la mieux choisie et aussi la plus complète qui ait été rassemblée sur le glorieux passé de la côte sablaise. Parmi les œuvres attirant le plus l'attention, il convient de citer : deux rarissimes gravures en couleurs, dont l'une, le *Bombardement de la Chaume*, par les Anglais et les Hollandais en 1696, évoque le souvenir de la légende du maître de barque Daniel Pricaud ; le *Combat du Vengeur*, d'Ozanne, gravé par Le Gouaz, vaisseau sur lequel étaient embarqués plusieurs Sablais ; quatre fines aquarelles rappelant les prises nombreuses que firent aux Anglais les pêcheurs du port au commencement de ce siècle, et une collection absolument unique, de la lithographie d'Aubertin, en différents états, représentant le combat du 24 février 1809 entre Français et Anglais sur la rade des Sables-d'Olonne.

On est initié, en parcourant diverses publications peu connues, aux efforts faits par les habitants de Noirmoutier pour lutter contre les envahissements de la mer et à la mise en culture des lais de mer de Beauvoir et de Bouin, par des hommes d'initiative et d'énergie.

A côté des portraits de Louis XI, fondateur de la ville, de son ministre et conseiller Philippe de Commines et de René de Burdigal, se trouve celui d'Henry de La Trémouille, et, à la suite de René de Vaugiraud, de Loynes de la Coudraie, sont placés les travaux des historiographes de Duchaffault, le marin-laboureur, des marins du Bas-Poitou et du commandant Guiné.

L'ethnographie a aussi sa part dans l'exposition rétrospective, et tout un panneau y est consacré à des gravures ou lithographies, médaillons en plâtre ou peintures, rappelant le vêtement aussi bien de la famille de l'armateur que de celle du pêcheur depuis le siècle dernier jusqu'à nos jours.

MUSÉE DE PÊCHE DE MARSEILLE

L'exposition marseillaise était constituée par des prélèvements opérés sur les intéressantes collections que possède le Musée de pêche de Marseille ; appareils servant à la fabrication des plombs de lestage des filets, engins de pêche, costumes locaux de pêcheurs et de prud'hommes.

Nous donnons ci-après une liste de ces divers objets :

Moule à plomb en acier à cinq trous, servant il y a une trentaine d'années à peine aux pêcheurs marseillais pour couler eux-mêmes des bagues rondes dont ils lestaient les thys clas et les thonnaires de poste.

Moule à plomb en acier à sept trous, pour la fabrication de bagues en olive pour le lestage des sardinaux et des rissolles.

Moule à plomb en bronze à trois trous, pour couler des bagues rondes servant au lestage des battudes et des trémaux.

Moule à plomb en bronze à six trous, pour couler des bagues en olive allongée servant aux cannes et aux lignes de fond.

Moule à plomb en bronze à un trou, pour couler des plombs coniques servant aux lignes de fond ou palangrottes.

(Les pêcheurs provençaux qui coulaient eux-mêmes différentes sortes de plomb utiles au lestage de leurs filets, ont perdu cette habitude depuis une trentaine d'années et actuellement ils achètent le lest aux marchands.)

Fourquette. — C'est une croix de fer aplatie dont les bras portent à leurs extrémités plusieurs lignes avec hameçons. Elle est descendue dans la mer au moyen d'un orin surmonté d'une bouée.

Cet engin a été longtemps employé à Marseille et dans les ports voisins pour la capture des poissons plats. Son usage, général pendant tout le cours du dix-huitième siècle, s'est perdu peu à peu et, après 1831, il n'en est plus fait mention.

Description de la drague, grande chausse, chalut ou ret traversier.
(*Dessin extrait d'un recueil de pêche, Bibliothèque nationale.*)

Ancienne couffe de palangre. — Panier en roseau dont le fond est lesté de pierres, tandis que le bord donne attache à des lignes armées d'hameçons. Elle est suspendue par trois cordes qui se réunissent en une seule fort longue et que termine un signal.

Plusieurs couffes sont descendues à quelque distance les unes des autres dans les fonds favorables et retirées à diverses reprises dans la journée ou la nuit pour déferrer les poissons pris.

Cette pêche, fort en faveur à Cannes et à Antibes, est délaissée dans le quartier de Marseille depuis près de cent ans.

Harpon à trois branches. — Ancien modèle employé il y a plus d'un siècle par les pêcheurs de Carro (quartier du Martigues) pour la capture des thons. Les deux branches latérales sont munies d'une seule aile ; la branche médiane en a deux.

Harpon à marsouin. — Ancien modèle employé à Carro (quartier du Martigues), avec deux ailes, sans ressort.

Foëne à clef à treize dents obliques barbelées. — Foëne usitée anciennement dans l'étang de Thau pour harponner les grosses anguilles. Les dents diminuent progressivement de longueur d'un côté à l'autre.

Cinq foënes barbelées. — Reproduction de modèles usités en France pendant le dix-huitième siècle.

Caùssado. — La Caùssado, dont se servent encore les pêcheurs tartaniers du Martigues, tend de plus en plus à disparaître et à être remplacée par les ustensiles ordinaires de cuisine. Après que la bouillabaisse y a été versée, chacun saisit avec son couteau un morceau de tranche de pain et de poisson pour recommencer ensuite. Ce procédé très économique laisse beaucoup à désirer au point de vue hygiénique et devrait être abandonné. Il n'est pas plus délicat que la Taùladel des pêcheurs de l'Aude et la Pignate des Catalans français, dans lesquelles chacun plonge la main pour prendre la bouillabaisse d'anguilles plus ou moins réduites en pâte, ou que la gamelle commune naguère encore en usage dans l'armée et la marine.

Ancien costume du premier prud'homme-pêcheur du Martigues. — Costume datant du règne d'Henri IV et porté jusqu'en 1869. En 1794, il fut joint, au chapeau orné de plumes blanches, une cocarde tricolore (1).

Poissonnière marseillaise. — Costume tel qu'on le portait en 1860.

Sabot. — Ancienne forme à pointe relevée en bateau (Martigues).

Pêcheur marseillais. — Costume ancien avec gilet et veston retenus par des ganses ; pantalon court et recouvert sur les mollets par des bas de forçat à gros carreaux ; sabots relevés en bateau ; chemise à petits carreaux.

M. H. LE GOFF

L'exposition particulière de M. Le Goff est une de celles qui, dans la Classe 53, excitait le plus vivement la curiosité des visiteurs. M. Le Goff présentait en effet au public des produits d'un genre tout spécial : pétrifications naturelles, huitres fossiles géantes, coquillages et plantes fossiles, offrant au point de vue scientifique le plus vif intérêt.

Pour rendre compte de cette exposition, nous ne saurions mieux faire que de placer sous les yeux des lecteurs une note rédigée par M. Le Goff lui-même, et qui fournit l'explication du phénomène si curieux de la pétrification.

---

(1) Habit à la française, gilet, culotte courte, bas de soie noire, souliers à boucles d'argent, manteau court en satin, fraise et chapeau à la Henri IV orné de trois plumes d'autruche (blanches pour le prud'homme major, noires pour les simples prud'hommes), avec au cou une médaille en argent aux armes de saint Pierre.

1° Pétrification naturelle. — La pétrification, comme on sait, est due à l'effet naturel par lequel des substances du règne végétal ou animal sont changées en pierre en conservant toujours leur première forme.

Le beau spécimen présenté par **M. H. Le Goff** à l'Exposition universelle constitue une motte de gazon de 40 centimètres cubes et de fleurettes de diverses essences d'une netteté parfaite.

Costume des prud'hommes pêcheurs de Provence (1).

Toutes les molécules des corps organiques détruites par le temps sont remplacées par des molécules minérales ayant pris la même forme et occupant la même place, c'est-à-dire donnant à la pétrification exactement la même structure que le corps primitif.

2° Huîtres fossiles. — L'huître (grec : ὄστρεον ; latin : *ostrea*) est un genre d'acéphales testacés, de la famille des ostracés, caractérisé par une écaille à deux valves irrégulières, inégales et feuilletées, qu'unit un petit ligament logé de part et d'autre dans une fossette.

(1) Nous devons à l'obligeance de M. Eugène Muller, l'autorisation de reproduire cette gravure extraite du *Musée des Familles*.

Contrairement à son étymologie (grec : ὄστρακον), qui est traduit par *coquille*, diminutif de *coque* (latin : *concha*), qui signifie enveloppe extérieure dure et calcaire des mollusques testacés, la coquille de l'huître se nomme *écaille* (latin : *squama*).

Le genre huîtres comprend plusieurs espèces de mollusques marins qui vivent ordinairement en nombreuses sociétés, fixées par leur valve la plus bombée sur un corps submergé, ou attachées les unes aux autres.

Pêche des huîtres au râteau.
(Gravure extraite de l'*Encyclopédie méthodique*.)

Au mois de mai ou de juin, un peu avant la ponte, l'ovaire de ces hermaphrodites s'accroît et donne une teinte laiteuse à toute la partie antérieure de l'animal.

Aux mêmes époques, suivant les pays, les œufs s'assemblent dans le manteau, près du bord externe de l'écaille, et peu après s'échappe la semence, composée de plus d'un million d'animaux microscopiques.

Les jeunes huîtres sont pourvues d'un organe temporaire qui leur permet de nager. Au bout de quelques jours, elles se fixent sur un corps solide où elles restent ensuite immobiles.

Il leur faut quatre ou cinq ans d'existence pour atteindre le développement qui les rend propres au service de la table.

Plus de soixante espèces d'huîtres ont été décrites dans les différentes parties du globe.

Nous sommes déjà sortis de notre cadre et sortirions complètement du sujet qui nous intéresse, si nous dépeignions ici ces diverses espèces, leur lieu d'origine, les moyens employés pour leur pêche, leur culture artificielle, aussi bien que leur consommation et l'emploi industriel de l'écaille qui leur sert de carapace.

Revenons donc à notre sujet.

On connaît environ deux mille espèces d'huîtres fossiles, depuis l'époque des ammonites jusqu'au temps actuel.

Toutes les roches de la période de transition jusqu'à la période tertiaire en fourmillent, et l'on en voit depuis la grosseur d'une lentille jusqu'à celle d'une roue de carrosse (trois ou quatre pieds de diamètre).

On les rencontre surtout dans l'oolithe.

L'animal qui habitait ces coquillages était pourvu de cavités pleines d'air, qu'il emplissait ou qu'il vidait pour monter à la surface ou descendre au fond des eaux.

Les spécimens exposés par M. Le Goff avaient une forme très allongée, triangulaire, bombée en triangle, c'est-à-dire du type « moule », et mesurant plus de vingt centimètres.

Les phénomènes géologiques de l'époque tertiaire, constituant de violentes oscillations et secousses, amenant en vingt endroits différents de l'écorce terrestre des craquements effroyables, sont arrivés à soulever à deux ou trois mille mètres de hauteur les dépôts marins des époques précédentes.

Après ce colossal effort, un grand nombre d'îles éparses se trouvent réunies et soudées; toutes ruisselantes, des terres vierges sortent des flots; un vaste continent s'ébauche et de longues chaînes de montagnes dominent les mers de leurs cimes altières.

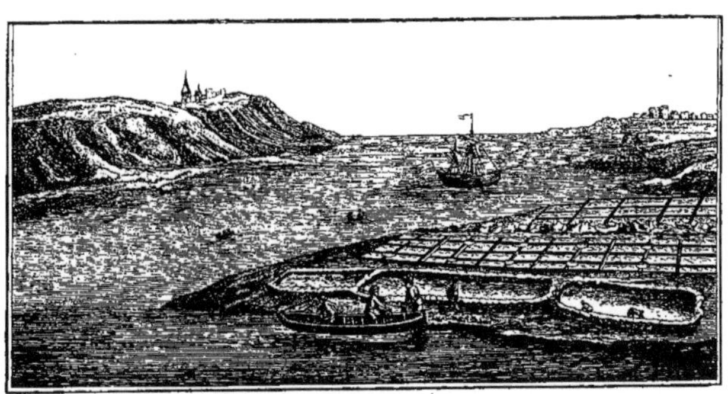

Parcs à verdir les huitres.
(Gravure extraite de l'*Encyclopédie méthodique*.)

Sur certains points se sont déposées des couches alternantes de marne et de sables auxquelles se succèdent des entassements de calcaires, où s'ensevelissent en abondance des foraminifères plus ou moins volumineux dont l'*eozoon* (grec : 'Ηώς, aurore, et Ζῶον, animal) paraît être le plus ancien fossile connu.

Les ébranlements du sol de l'époque tertiaire se sont plus particulièrement fait ressentir aux abords de la Méditerranée.

Les rejets de cette formidable poussée, vomie des profondeurs du globe, constituent la chaîne des Pyrénées, dont la ville de Narbonne n'est qu'à une faible distance.

C'est dans cette localité, alors qu'on commençait les travaux du Boulevard de la Gare, que furent découvertes, en 1868, les huitres fossiles exposées par M. H. Le Goff.

Narbonne est à huit kilomètres de la mer. Elle est bâtie sur l'emplacement d'un lac maritime comblé par les alluvions de l'Aude. Elle tire d'ailleurs son nom celtique de sa situation : *nar*, eau; et *bo*, habitation.

Ce qui précède, explique aisément la présence de ces fossiles dans la partie où ils ont été trouvés.

3° et 4° Coquillages fossiles. — Fougères fossiles. — Les coquillages et la fougère fossiles exposés par M. Le Goff ont été découverts au même lieu et à la même époque.

Les coquillages appartenaient au genre « peigne », mollusque acéphale, testacé, de la famille des huîtres, caractérisé par une coquille inéquivalve, demi-régulière, présentant des côtés qui rayonnent du sommet vers les bords.

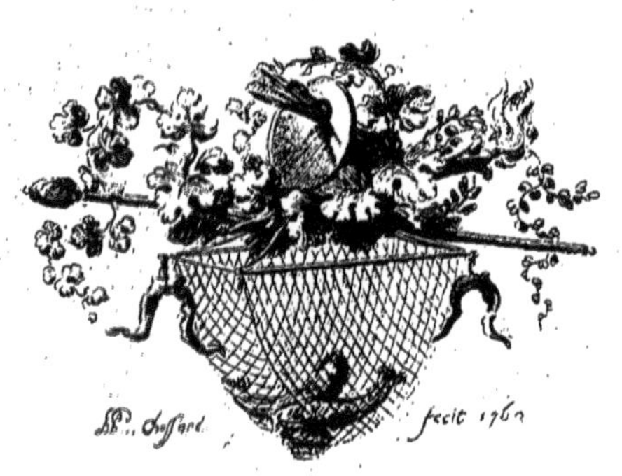

Frontispice de la *Botanique* d'Abraham Munting (1713).
(*Collection Lépinois.*)

Jetons des apothicaires et épiciers de Rouen.
(*Collection de M. H. Sarriau.*)

MUSÉE RÉTROSPECTIF DE LA CLASSE 54

Notice historique

Parmentier (1737-1813).

La Classe 54 se composait de deux parties bien distinctes : d'une part, les engins et instruments de cueillettes, parmi lesquels il fallait ranger les vases et instruments propres à la récolte et à la conservation des substances végétales, et, d'autre part, les produits de la terre obtenus sans culture, gommes, résines, champignons, caoutchouc, gutta-percha, plantes médicinales, etc. Autant la première partie laissait place pour un Musée rétrospectif, autant la seconde le permettait peu.

Dans la première, on pouvait en effet faire rentrer les instruments de récolte proprement dits, puis les vases pour la conservation, les mortiers, etc. A vrai dire, tous ces objets n'avaient pas seulement leur place au Groupe IX, ils auraient pu tout aussi bien figurer aux classes de la Métallurgie et de la Pharmacie proprement dite.

Dans la seconde partie, on ne pouvait montrer que de vieux ouvrages ou de vieilles gravures se rapportant à l'histoire de la matière médicale, le caoutchouc et la gutta-percha étant des produits d'importation et surtout d'usage trop récent; la Commission y avait pourtant ajouté une superbe collection de moulages de champignons datant d'une trentaine d'années, dont nous reparlerons plus loin, et quelques séries remarquables d'aquarelles se rapportant soit à l'histoire de la matière médicale, soit à celle des champignons ; puis aussi des collections de champignons et une reproduction de vieille herboristerie, quelques herbiers et enfin une collection de planches et dessins de cours appartenant à l'Ecole de pharmacie.

Parmi les planches, dessins, aquarelles exposés, plusieurs étaient de date récente; la Commission les avait fait figurer pour donner une idée des transformations subies dans cet art ; les anciens cherchaient plus le côté artistique d'une gravure que l'exactitude ; nos contemporains ont montré qu'on pouvait faire joli et vrai. Nous citerons, par exemple, MM. Boudier, Camus et Cuisin, dont les magnifiques aquarelles ont fait l'admiration de tous les visiteurs.

Marque de pharmacien.
(*Gravure de J. Papillon*, 1760.)

Nous devons à M. le professeur Radais, qui a présidé avec tant de compétence et de dévouement la Commission d'organisation du Musée rétrospectif de la Classe 54, la présence à l'Exposition des collections de l'Ecole de pharmacie.

L'Ecole supérieure de pharmacie de Paris expose au Musée centennal une partie de la remarquable collection de moulages de champignons qui lui a été offerte par M. Barla.

L'origine de cette collection est fort intéressante, et sa valeur, tant scientifique qu'artistique, mérite mieux qu'une mention banale.

Il y a une vingtaine d'années, M. A. Pontier, pharmacien à Paris, étant de passage à Nice, eut fortuitement connaissance d'un musée donné à la ville par Barla. Visitant ce musée, il fut saisi d'admiration à la vue d'un merveilleux ensemble d'échantillons de toute sorte, se rapportant à la flore et à la faune des Alpes-Maritimes : phanérogames, cryptogames, poissons, oiseaux, etc.; mais ce qui frappa le plus vivement son attention, ce fut une réunion de plusieurs centaines de moulages de champignons reproduits en grandeur naturelle avec un soin scrupuleux, et coloriés avec un sentiment artistique incontestable. M. Pontier fit immédiatement la connaissance du savant aussi modeste que distingué qu'était Barla, il n'eut pas de peine à le convaincre de l'intérêt qu'il y aurait à refaire une partie des moulages pour en enrichir les collections du cours de cryptogamie qui venait d'être institué à l'Ecole de pharmacie, à titre de cours complémentaire.

Barla se mit au travail, et, peu après, il offrait à l'Ecole un certain nombre de moulages d'espèces choisies parmi les plus importantes, sans vouloir accepter de rémunération d'aucune sorte pour le dédommager de son temps et de ses débours.

(*Bibliothèque nationale.*)

Il était d'ailleurs coutumier d'une telle générosité. Avant que Nice fût réunie à la France, poussé par des chagrins de famille vers les études scientifiques, Barla avait commencé une semblable collection et l'avait donnée à la ville de Florence. Après l'annexion, il voulut que sa nouvelle patrie profitât également de son travail; il fit une nouvelle série de moulages qu'il offrit à la ville de Nice avec l'immeuble destiné à les contenir, et, jusqu'à sa mort, il ne cessa d'enrichir son musée.

C'est avec l'aide de deux personnes seulement que Barla mena à bonne fin l'œuvre si considérable à laquelle il s'était voué. Ces deux collaborateurs étaient : M. Olivier, alors son secrétaire, et actuellement conservateur du Musée Barla, et un mouleur italien, véritable artiste en son genre, aujourd'hui décédé. Telle était la communion d'idées qui existait entre eux, que, dans ses dernières années, devenu presque complètement aveugle, Barla pouvait encore, grâce à ses dévoués compagnons, ajouter de nouvelles pièces à sa collection. Les procédés employés pour la confection des moulages étaient aussi rigoureux que possible : des empreintes en creux étaient prises de toutes les parties : chapeau, hyménium, pied, volva, anneau ; ces empreintes servaient à l'obtention de fragments qui étaient ensuite rapportés les uns aux autres, recouverts d'un enduit lisse, et peints de couleurs convenables, toujours frappantes de vérité. Les empreintes étaient d'ailleurs conservées avec un soin

Moulages de champignons des Alpes Maritimes, par Barla.
(*Collection de l'Ecole supérieure de pharmacie.*)

scrupuleux et doivent encore à l'heure actuelle se trouver au Musée de Nice.

Tel était d'ailleurs le souci de l'art et de la vérité que Barla apportait dans la réalisation de son but, qu'il disposait ses moulages de manière à rappeler l'habitat des espèces représentées, de telle sorte qu'en les examinant, on a une conception nette de l'aspect qu'elles présentent dans la nature.

Le travail si considérable et la généreuse largesse de Barla méritaient certainement un haut témoignage de reconnaissance. A plusieurs reprises, d'éminentes personnalités scientifiques firent des démarches auprès des pouvoirs publics afin de lui faire décerner une distinction honorifique en rapport avec son savoir et ses talents ; malheureusement diverses causes, parmi lesquelles l'instabilité ministérielle dont notre pays souffrait tant à cette époque, empêchèrent la réalisation de ces vœux, et Barla mourut avant que les services qu'il avait rendus eussent reçu leur récompense.

C'est donc un hommage posthume, une sorte de réparation offerte à sa mémoire, que l'admiration des visiteurs, qui ne s'est pas démentie un seul instant devant ses merveilleux moulages, dont la perfection laisse loin derrière elle toutes les imitations qui en ont été faites.

Liste des moulages de Barla exposés au Musée centennal :

Amanita ovoïdea, spissa, vaginata, pantherina, cesarea, muscaria. — Armillaria mellea. — Boletus aurantiacus, luridus, edulis, satanas, chrysentheron. — Collybia fusipes, radicata. — Clitocybe nebularis. — Laccaria laccata. — Coprinus picaceus, comatus. — Clavaria pistillaris. — Clathrus cancellatus. — Cantharellus cibarius, aurantiacus. — Fistulina hepatica. — Volvaria gloiocephala. — Gomphidius viscidus. — Guepinia helvelloides. — Helvella infatua. — Hypholoma fasciculare. — Hydnum erinaceum. — Lactarius deliciosus, volemus. — Lepiota procera. — Pluteus cervinus. — Pralliota arvensis. — Pleurotus Eryngii. — Russula furcata, nigricans, rubra, virescens, alutacea. — Tricholoma equestre, sulphureum, nudum. — Stropharia æruginosa.

M. G. DESPREZ

115, rue Saint-Honoré.

Quatre-vingts vases de forme cylindrique, munis de leur couvercle. Sur la panse, inscriptions pharmaceutiques toutes différentes, dans un encadrement formé de nœuds de rubans, de bouquets de roses, etc.

Faïence de Marseille, décor polychrome (dix-huitième siècle). Ce bel ensemble garnit depuis un siècle et demi l'ancienne officine fondée en 1715, par B. Derosne, 115, rue Saint-Honoré.

Mortiers de bronze (XVIe et XVIIe siècles).
(*Collection Heudier.*) (1)

COLLECTION DE M. TH. HEUDIER

104, boulevard de Courcelles (2)

Vase de pharmacie.
(*Faïence de Nevers.*)

La collection de M. Heudier, réunie à un point de vue exclusivement professionnel, comprenait d'une part des faïences et des porcelaines, et de l'autre une belle série d'instruments, principalement des mortiers, complétée par des documents manuscrits et imprimés.

Si la céramique pharmaceutique témoigne à l'époque actuelle d'un goût artistique peu élevé, il n'en était pas de même autrefois, où les couvents et les hospices qui pratiquaient l'art de guérir disposaient de ressources souvent considérables, et faisaient exécuter à grands frais des ensembles merveilleux qui sont devenus aujourd'hui les joyaux de nos musées et de quelques collections particulières.

La France était représentée dans cette série par des faïences de Rouen, de Sinceny, de Nevers et de Gien; la céramique étrangère, par des pièces de Faenza, d'Urbino, de Pesaro, de Castel-Durante, de Savone, pour l'Italie, le pays par excellence des beaux vases de pharmacie, ou encore de Delft pour les Pays-Bas, et enfin par quelques porcelaines de Saxe.

Dans cette collection, nous citerons particulièrement :

Un très grand récipient en faïence de Rouen, décoré de feuillages polychromes, muni d'un couvercle en étain à vis et portant l'inscription « Tabac » (dix-huitième siècle).

---

(1) Le mortier placé à droite porte un écusson aux armes de la ville d'Orléans.

(2) Nous prions M. Heudier, qui a bien voulu nous donner des notes sur sa collection, d'agréer ici l'expression de tous nos remerciements.

Une série de dix-sept pots, également de fabrication rouennaise, à décor polychrome, provenant d'une vieille officine de la rue Martainville, à Rouen, derrière l'église Saint-Maclou; une autre série de même provenance, à décor jaune, plus simple.

Des ateliers de Sinceny, qui subirent surtout l'influence de Rouen, on pouvait voir un vase muni d'anses à torsades avec l'inscription « *Theriaca* ».

Un certain nombre de pots en faïence de Gien, à décor polychrome, représentait le dix-neuvième siècle, époque de décadence pour la céramique française.

Quelques majoliques italiennes figuraient également dans la collection Heudier. Signalons surtout de belles pièces sorties des fabriques du duché d'Urbino.

Un grand vase de Castel-Durante, avec l'inscription « *Aq : Cicorea* »; deux autres de Pesaro, de la fin du dix-huitième siècle, sur lesquels on lit : « *Canfo : Luc* » et « *China : Chi* » ; une chevrette et deux vases de petites dimensions en faïence d'Urbino, d'époque assez basse, destinés à renfermer du : « *Syr. de Artemisia* », de l' « *Ung° Verde* » et de l' « *Ung° Rosato* ».

Enfin, une très belle chevrette, à décor polychrome, datée de 1595 et portant l'inscription : *Acqua de Zuccha.*

Deux grands vases en porcelaine de Saxe, ornés de guirlandes de fleurs et des portraits de Louis XVI et de Marie-Antoinette, complétaient cet ensemble céramique.

Dans les mêmes vitrines se trouvaient également cinq petites fioles en verre opalin (époque Louis XVI) avec inscription pharmaceutique.

L'apothicaire mettait autrefois un soin jaloux dans la décoration de son mortier, qui, au temps des électuaires, était presque son unique instrument de travail et que sa composition métallique avait mis à l'abri des injures du temps. Les mortiers de bronze formaient la partie la plus remarquable de cet ensemble, tant par l'importance de leurs dimensions que par leur ancienneté et par la finesse de leur décoration artistique. La plupart portent en relief une date de fabrication; mais il est facile d'en assigner une à ceux qui en sont dépourvus, en examinant les ornements dont ils sont revêtus. Ces ornements consistent en reliefs fleurdelisés encadrant un exergue, et en frises composées d'arabesques, de gracieux enroulements d'animaux, de fleurs, de feuillages, entremêlés de macarons, de blasons et de scènes mythologiques.

Quelques-uns même empruntent aux meubles contemporains de leur fabrication des motifs architecturaux, godrons, balustres ou colonnettes, qui permettent facilement de leur assigner une époque.

Cette décoration affectait une allure profane ou religieuse, suivant que l'objet était destiné à une officine d'apothicaire ou à une communauté exerçant la pharmacie. Effigie du Christ, de saint Pierre, de saint Michel terrassant le démon, scènes du crucifiement, adoration des Mages et autres allégories religieuses, constituent l'ornementation des mortiers de provenance monastique. Les inscriptions « *Laft Godt van all* » (louez Dieu en toutes choses), « *Soli Deo gloria* », etc., en disent suffisamment sur leur destination.

Les mortiers d'apothicaires, au contraire, portent le cachet profane des productions artistiques du Moyen Age et de la Renaissance.

Ils sont revêtus d'inscriptions d'un caractère parfois rabelaisien (*je ressemble une truye ; amor vincit omnia*), ou de dédicaces à la louange de quelque brave de l'époque (*A Urbain Hudault, sergent royal*, 1686), ou d'exergues relatant le nom du fondeur ou du propriétaire qui les a fait exécuter. Leur ornementation est faite d'animaux fantastiques, de chimères, de scènes cabalistiques, de macarons empruntés à la numismatique de l'époque ou reproduisant les effigies des célébrités contemporaines. Quelques échantillons de ces objets provenant du sud de l'Espagne tiennent de l'art mauresque qui les a produits, une forme toute particulière, et sont recouverts de curieuses inscriptions en caractères arabes.

Nicolas Lémery (1645-1715).
(*Bibliothèque nationale.*)

Ajoutons enfin que les pièces de grande dimension sont agrémentées de tourillons affectant les formes les plus diverses, têtes de serpent, de bélier, de cheval, destinés à rendre la manipulation plus facile. La pièce la plus importante du groupe est un mortier en métal de cloche de l'époque de Henri II, sans date ni désignation de fondeur, haut de $0^{m},40$, large de $0^{m},50$ en diamètre et dont le poids atteint près de cent kilogrammes. Il est orné de torsades et de denticules en relief, de macarons ciselés, et d'une frise composée de feuillages enguirlandés. Cette belle pièce, munie de deux énormes tourillons pour la commodité de son maniement, a figuré de temps immémorial dans l'officine de M. Soypteur, 99, Grande-Rue, à Besançon. Très curieux, un autre mortier en bronze avec ses tourillons à têtes de reptiles ; il porte sur la bordure cet exergue en relief : « *Je ressemble une truye P(our) L(a) M (asse) Bapt (isée) par sire Benjamin Marchāt* (1623). » Il est orné de macarons ciselés représentant saint Michel terrassant le démon, le Christ en croix, la Vierge et l'Enfant-Jésus, un guerrier, saint Pierre et des animaux allégoriques. Il est muni d'un pilon également ancien ; son poids est de soixante kilogrammes ; il provient des environs d'Alais (Gard).

Pilon en fer ciselé (XVIe siècle.) (*Collection Heudier.*)

Un autre, du poids de soixante-dix kilogrammes et de forme élégante, porte en haut relief la dédicace : « *Faict l'an* 1643, *pour Estienne Pol* », et sur un macaron la marque du fondeur, « *Simonus Jacobus me fecit* ». (Ancienne collection Lafon.)

Un quatrième, d'environ quarante kilogrammes, est orné de balustres de l'époque de la Renaissance et de faisceaux de fleurs, et porte en relief sur le pourtour l'inscription suivante : « *Je suis à Iehan de Saincte Græ appotiquere*, 1573 ».

Un cinquième, travail italien du seizième siècle, représente la silhouette d'un vase Médicis, et est muni de deux superbes cariatides qui lui servent d'anses ; il pèse trente-huit kilogrammes.

La place nous manque pour passer en revue les quarante autres pièces de moindre importance qui composent la collection et qui proviennent en majeure partie des fonderies de Dinant.

L'apothicaire avait négligé la décoration du pilon, plus fragile, plus susceptible d'usure ou de déformation, et que des raisons élémentaires de propreté empêchaient de ciseler. Aussi, presque tous les spécimens en bronze de ces instruments de travail ont pris le chemin de la fonte. Quelques-uns, cependant, figuraient honorablement auprès d'anciennes spatules de fer damasquinées d'argent et de quelques cuillers dont le manche représentait des têtes de serpent ou des caducées symboliques.

Autre face du même pilon. (*Collection Heudier.*)

Un pilon de fer forgé, d'assez grande dimension, recouvert à sa périphérie de ciselures représentant saint Michel terrassant le démon, faisait pendant à un pilulier triangulaire muni de son jeu de couteaux et provenant de l'ancienne officine de Guibourt, rue Richelieu et rue Feydeau.

Cet ensemble remarquable était complété par une série de formulaires et livres de secrets anciens, ornés de gravures, dont le plus remarquable était un manuscrit gothique du commencement du seizième siècle, intitulé : « *Recueil de plusieurs bones receptes très utiles et très prouffitables pour la conservation du corps humain.* »

Au fond de la vitrine, quelques têtes de tiroirs en bois sculpté et doré, avec inscriptions de drogues, sur des écussons de style Louis XIV, et provenant de la pharmacie de Delafontaine, rue Saint-Honoré, à Paris. Les autres instruments professionnels, balances, scies à pilules, spatules, cuillers, etc., ont presque totalement disparu à la suite des nombreuses transformations que la pharmacie a subies depuis tantôt un siècle.

LISTE DES OBJETS EXPOSÉS PAR M. HEUDIER

I. — VASES PHARMACEUTIQUES

(Faïences, porcelaines, grès et verreries.)

Chevrette en faïence de Nevers, décor en blanc fixe (XVIIe siècle) (1).
(Collection de M. H. Sarriau.)

Faïences françaises. — Grand récipient en faïence de Rouen, dix-huitième siècle, décoré de feuillages polychromes, muni d'un couvercle à vis en étain, et portant l'inscription : « Tabac ».

Une série de dix-sept pots en faïence de Rouen, époque Louis XVI, à décor polychrome, provenant d'une vieille officine, 208, rue Martainville, à Rouen, près l'aître Saint-Maclou. Ils portent les inscriptions suivantes: *Therebinthina Veneta — Butyrum Cacao — Theriaca Coelestis — Conserva Helenii — Pomatum Citrinum — Extractum Rhabarbari — Onguentum Nutritum — Pomatum de Thierry — Pomatum ad Scabiem — Rob. Ex : Ebulo — Conserva Absinthii — Pomatum Oxigenatum — Ceratum Sulfuratum — Extractum Amarum — Extractum Saponariæ — Onguentum Populeum — Electuarium Hierapicra.*

Une série de 23 pots plus petits, provenant de la même officine, décor plus simple, à filet jaune avec guirlande de fleurs. *U : Merc :*

(1) Fleurs et oiseaux peints en blanc sur fond bleu lapis. Sur la panse on lit l'inscription : *S. de Meures.* Ce vase provient de l'ancienne pharmacie de l'hôpital de Moulins, composée de 200 pièces environ, de formes peu variées, mais toutes de la même fabrication et du même coloris. Malheureusement cet ensemble exceptionnel a été dispersé il y a une vingtaine d'années.

S : Vulg : Gris. — U : Duduc. U : Dyapompholyg : — E : Diascordium. — U : Fuscum. — Pil : Mercuri Exc. — U : de Althea. — U : Basilic. — Orvietan. — Opiat Dentifric : — U : Album Rha. — Oleum Laurini. — U : De Stirce. — But : Saturni. — Ext : Juniperi. — U : Rosat. — E : Lenitivum. — U : Aegyptiacum. — U : Populeum. — Pommatum Garou. — U : Scarabeor. — E : Cathartic. — Conf : Helenii. U : Digestiv. — Opiat Salomon.

Une autre série de pots plus petits, même décor que les précédents, et même provenance : *Sapo V : de Starkey. — Ext : de Chicorii. — Pilulae B : Morton. Ext : 4 Lig : Sudorif. — Ext : Cicutae. — Ext : Trifolii Fibri. — Empl : And. A. Crucae. — Extract. Opii Gummos. — Axung : Quadruped. — Ext : Aloe. — Ext : Abs. E. Arthemis. — Extract. Anthrorae. — Axung : Human. — Axung : Avum. — Extract. Menthae.*

Série de 16 pots en faïence de Rouen, décor rocaille, provenant d'une ancienne pharmacie d'Orbec-en-Auge (Calvados). *Ung : Lauri. — Orvietanum Praestantius. — Butirum Saturni. — Elect : Diaprunum. — Ung : Ad Scabiem. — Ung : Fuscum. — Theriaca Venetae. — Therebint : Venetae. — Balsam Arcei. — Ung : de Styrace. — Ext : Juniperi. — Ung : Neapolitan. — Ung : Basilic : Maj. — Elect : Linitivum. — Conf : Hamech. — Elect : Diaphenic.*

Une série de pots plus petits. Même décor et même provenance. *Ext : Fumariae. — Ext : Chelidonii. — Ext : Boragin. — Pil : Ante Cib. — Pil : Mercurial. — Pil : Hydrag : Bontii. — Ext : Dentifric. — Ext : Cicutae. — Ext : Saponar. — Ext : Centaurii. — Ext : Cichorii. — Ung : de Tuthi.*

Grand vase en faïence de Sinceny, muni d'anses à torsades et portant l'inscription : *Theriaca.*

Cinq pots à décor rocaille, faïence de Nevers, camaïeu bleu (dix-huitième siècle) : *Cons : Rosatum. — Conf : Hamech. — Ung : Rob : Exsic. — Diaphoenic. — Ung : Popul : Equibus.*

Une série de pots en faïence de Gien, provenant de l'officine de M. Delafontaine, pharmacien, à Paris, rue Saint-Honoré, 246. — Décor polychrome avec serpents et attributs professionnels. *Cremor Tart Pl. — Ung : Martiat. — Ung : Aegiptiac. — Cons : Absynth. — Ung : De Stirace. — Pil : Scyllit. — Ext : Cicu de Storc. — Conf : Hyacint. — Ext : Boraginis. — Ung : Citrinum. — Styr : Liquida. — Pomat ad Labies. — Ext : Chicorii. — Sapo Albus. — Ext : Absinthi. — Bals : Arcaei. — Ung : Ad Scab. — Ext : Buglossi. — Ext : Dulcamara. — Ext : Cicutae. — Ung : Basilicum.*

Faïences étrangères. — Chevrette à décor polychrome, portant l'inscription *Acqua de Zuccha*, et la date 1585.

Vase à long col en majolique de Castel-Durante, portant l'inscription *A. Cicorea*, et l'exergue : *Virtus semper ardet*, avec un blason.

Une paire de vases en faïence de Pesaro, époque Louis XVI, avec inscription : *Canfo Luc* et *China : Chi.*

Une chevrette en majolique d'Urbino. Epoque Louis XV. Décor rocaille et paysage, portant l'inscription : *SY · DI · ARtemisia.*

Deux vases en majolique d'Urbino. Epoque Louis XV. Décor polychrome à feuillages et portant les inscriptions *Ung° Verde* et *Ung° Rosato Malvino.*

Vase en faïence de Faenza, décor entièrement bleu avec l'inscription : *Datloli.*

Paire de chevrettes en faïence de Savone. Décor paysage avec pêcheur, portant les inscriptions : *Syr : de Menthe* et *Syr : de Limon.*

Une paire de vases en faïence italienne, munis de leurs couvercles en métal à décor polychrome, représentant un cerf couché, et portant les inscriptions : *U : Ceti* et *A. Porci.*

Trois pots décor polychrome (dix-huitième siècle) : *Mel Opti.* — *Bul. Citrangul.* — *Ung : Ad Scabiem.*

Une paire de vases en faïence de Delft, portant les inscriptions *B. Rubar.* et *U : Populeum.*

Vase en faïence de Delft, portant l'inscription : *Tabac de qualité.*

Série de pots à becs dits « chevrettes ». Légendes et décors variés; provenant de différentes fabriques. *Sirop Antiscorbutiqu :* — *Sir : de Rose.* — *Syr : De Papavere Rubro.* — *S : De Pomis Sim.* — *Sirop de Bourache.* — *S : Limonis.* — *O : Petrae.* — *S : Violatus.* — *S : Iuiubimus.* — *S : de Agresta.* — *O : Rutae.*

Sirop de Coins. — *Syr : de Limon.* — *S : de Capelvenere.* — *S : de Cich : C : Rhe.* — *S : De Pomis S :* — *Syr : de Menthe.* — *Syr : Althea Fernelli.*

Pots de formes et décors divers. *P. Rudii* — *E. Rosatum : M : Alb Rhasis.* — *Conf : Alkermès.* — *Laud : Op.* — *U : Scabiosu.* — *C. Cochleariae.* — *A. C. Chorij.* — *A. Buglossi.* — *Catholicum.* — *Eacluropi.* — *Pomat : Canth : V :*

Gravure extraite de la *Phytographia curiosa* d'Abraham Munting.

Porcelaines. — Deux vases en porcelaine de Saxe, époque Louis XVI, portant les effigies de Louis XVI et de Marie-Antoinette, entourées d'une guirlande de fleurs. Les couvercles sont munis de boutons représentant un pavot.

Grès. — Une série de grès de forme cylindrique portant les inscriptions : *Agaric.* — *Aristol : Long.* — *G : Assefetid.* — *Sem : Alcherm.* — *Mir Citrino.* — *Piper Long.* — *Gum : Ammoniac.* — *Herb. D[d] Verm.* — *G : Myrrh.*

II. — MORTIERS ET PILONS

Mortier gothique, à rebords fleurdelisés, portant l'inscription suivante en lettres gothiques : *Delacourt.* Décoré d'écussons portant en relief divers signes du zodiaque. — (Voir les deux figures, pages 50 et 51.)

Mortier de pierre époque François Ier, orné de balustres, de fleurs de lis et de feuillages.

Grand mortier en métal de cloche, du seizième siècle, sans date ni désignation de fondeur. Hauteur : 0m,30 ; diamètre : 0m,44. Orné de reliefs à torsades et denticules, de macarons représentant le Christ en croix, la Vierge et l'Enfant Jésus et d'une frise composée de feuillages enguirlandés. Il est muni de deux tourillons et porte comme marque de fondeur, I. M. Poids total : 95 kilogrammes ; provient de l'officine de M. Soypteur, 99, Grande-Rue, à Besançon. — (Voir la planche.)

Mortier de bronze, travail allemand, avec deux tourillons représentant des têtes de bélier, décoré tout autour d'une frise composée avec des sujets apocalyptiques et portant l'exergue : *Peter Tanden Shein Me Fecit Anno* 1534.

Mortier de bronze (xve siècle).
(*Collection Heudier.*)

Mortier de bronze, époque Henri II, orné de balustres, d'écussons aux armes de France, de macarons représentant la Circoncision et la Présentation au Temple, de deux effigies de la Vierge et de nombreuses têtes de personnages en costumes du seizième siècle.

Grand mortier en bronze (seizième siècle). Hauteur : 0m,40. Diamètre : 0m,38. Poids, 100 kilogrammes. Orné d'une frise, au milieu de laquelle se détache cette légende : *Ciu Batta Bossini F. B. A.* 1553 *Ad Uso Di Farmacia e Drogheria ;* il porte deux tourillons à profil de têtes de cheval.

Mortier de bronze en forme de vase Médicis, muni de deux cariatides qui lui servent d'anses. Hauteur : 0m,31. Largeur : 0m,37. Il porte la date MDLXX, et est ornementé de feuillages et de fleurs en relief.

Mortier de la Renaissance, orné sur le pourtour de balustres et de faisceaux de fleurs et portant au rebord l'exergue suivant : *Je suis à Jehan de Saincte Grae Appotiquere* (1573). Poids, 40 kilogrammes. Hauteur : $0^m,23$. Largeur : $0^m,34$. Provient des environs de Pampelune.

Mortier de la Renaissance, orné de deux tourillons à huit pans et de balustres. Rehaussé d'ornements en haut relief (têtes de femmes, lions, aigles à deux têtes, etc.).

Mortier de la Renaissance en forme de vase Médicis, décoré d'une frise représentant une vigne avec des feuilles et des raisins.

Mortier de bronze orné de balustres représentant des cariatides, portant des macarons

Face opposée du même mortier.
(*Collection Heudier.*)

avec des effigies d'empereurs romains et muni d'un rebord fleurdelisé. Travail de la Renaissance.

Mortier de bronze de fabrication allemande et de style Renaissance, orné de deux anses à profil de dragon. Frise importante composée d'une suite de personnages en bas-relief et exergue portant l'inscription : *Laft Godt Van All. Anno* 1596. Patine claire.

Mortier en bronze de travail allemand, muni de deux anses représentant des chimères et portant l'inscription *Michel Van Dam Godt Mi. Anno* 1606. Hauteur : $0^m,23$. Largeur : $0^m,22$. Ecusson grossièrement ciselé sur l'une des faces. — (Voir la planche.)

Mortier de bronze. Hauteur : $0^m,25$. Diamètre : $0^m,40$. Provenant des environs du Vigan (Gard). Orné de deux tourillons à profil de têtes de serpent et de macarons représentant saint Michel terrassant le démon, le Christ en croix, la Vierge et l'Enfant Jésus, un guerrier, saint Pierre et des animaux allégoriques. Il porte l'exergue : *Je resemble une truye P. L. M. Bat — P — I — G — Sire — Benjamin Marchat* — 1623. — (Voir la planche.)

Mortier époque Louis XIII, muni de deux anses. Rebord décoré de pampre avec raisins.

Mortier de bronze d'origine allemande, patine claire, muni de deux anses décorées, orné d'une frise à feuillages et portant l'exergue : *Soli Deo Gloria* 1632.

Mortier de bronze. Hauteur : $0^{m},26$. Diamètre : $0^{m},40$. Muni de deux tourillons à profil de têtes de bélier, portant deux écussons avec l'inscription en haut relief : *Faict l'an* 1643 *pour Estienne Pol*, et sur l'un des écussons : *Simon Jacobvs Me Fecit*. Rebords fleurdelisés et coupe d'une élégance remarquable. (Ancienne collection Lafon.) — (Voir la planche.)

Mortier de bronze, avec deux tourillons, figurant deux chimères et portant la dédicace : *Urbain Hudault sergent royal*, 1686.

Mortier de bronze, patine très claire. Importante pièce provenant de la collection Lafon. Frise gracieuse composée d'une suite d'animaux fantastiques avec l'exergue : *Amor Vincit Omnia* 1701. Travail flamand.

Mortier de bronze, orné d'une frise avec têtes de chérubins, portant l'inscription: *Soli Deo Gloria A°* 1723.

Mortier en bronze. Hauteur : $0^{m},20$; largeur : $0^{m},28$. Travail français, patine couleur acier sans aucune ciselure, muni de deux tourillons et portant en haut relief l'inscription suivante : *l'an* 1725 *jay estez fait pour la Charitez de St Mederic.*

Spatule et cuillères d'apothicaire (XVIe et XVIIe siècles).
(*Collection Heudier.*)

Mortier de bronze, de fabrication orientale, orné de balustres à arêtes vives, à deux anses, et deux frises couvertes d'arabesques.

Série de quatorze mortiers en bronze, d'une importance moindre que les précédents, bien que pourvus d'ornements originaux, mais dont la description nous entraînerait trop loin.

Pilon de grande dimension en fer forgé ciselé et gravé, orné d'une scène représentant saint Michel terrassant le démon (seizième siècle).

Une série de pilons en cuivre et en bronze ornés de tores et de guillochures.

III. — OBJETS DIVERS

Une spatule d'apothicaire en fer niellé et damasquiné d'argent avec un anneau pour la suspendre et un cœur incrusté sur la lame (seizième siècle). — (Voir la figure.)

Une cuillère en cuivre de forme spéciale et munie d'un manche terminé par un caducée symbolique. — (Voir la figure.)

Une cuillère en bronze, avec manche recourbé et terminé par une tête de serpent.

Série de cuillères en bronze de diverses époques, surtout de style gothique, munies de manches ornés de statuettes d'évêques, de saints, de bustes divers, ou de pieds d'animaux.

IV. — LIVRES ET FORMULAIRES

Recueil de plusieurs bõnes receptes et tres utiles et prouffitables pour la conservation du corps humain.

Manuscrit in-folio du commencement du seizième siècle. Caractères gothiques. Grande lettre ornée au commencement.

Titre d'un formulaire manuscrit du XVIe siècle. (*Collection Heudier.*)

Pharmacopée universelle ..... par Nicolas Lémery, de l'Académie royale des Sciences, docteur en médecine. Seconde édition. — *Paris, imp. de Laurent D'Houry*, 1716, in-4°.

Pharmacopée royale galénique et chymique, par Moyse Charas, docteur en médecine, ci-devant démonstrateur de l'une et l'autre pharmacie au Jardin royal des Plantes. — *Lyon, chez Anisson et Posuel*, 1717, in-4°.

Pharmacopea de la Armada, ... (par) D. D. Leandro de Vega, ... — *Cadix, imp. de Manuel de Espinosa*, 1740, in-4°.

Pharmacopea Wirtenbergica .... — *Stutgart, chez Jean Christophe Erhard*, 1754, in-folio.

Codex medicamentarius, seu Pharmacopea parisiensis, ... Decano M. Joanne Baptista Boyer, ... Editio quinta. — *Paris, Pierre Guillaume Cavelier*, 1758, in-4°.

Codex, Pharmacopée française, rédigée par ordre du Gouvernement par une Commission composée de MM. les professeurs de la Faculté de Médecine et de l'Ecole spéciale de Pharmacie de Paris. — *Paris, Bichet le Jeune*, 1837, in-4°.

Nouvelles expériences sur la vipère, ... par M. Charas, apoticaire ordinaire de Monseigneur, frère unique du Roy. — *Paris, chez l'auteur*, 1669, in-8°.

Secrets et remèdes éprouvez ... par ... l'abbé Rousseau, cy-devant capucin et Médecin de Sa Majesté, ... — *Paris, chez Jean Jombert*, 1697, in-12.

Traité universel des drogues simples, mises en ordre alphabétique, ... par Nicolas Lémery, de l'Académie royale des Sciences, docteur en médecine. Seconde édition ... — *Paris, Laurent d'Houry, rue de la Harpe*, 1714, in-4°.

Nouvelles formules de médecine latines et françoises, pour le Grand Hôtel-Dieu de Lyon, ... par Pierre Garnier ... — *Liège, François Broncard*, 1716, in-12.

Cours de Chymie, ... par M. Lémery, ... Nouvelle édition revue ... par M. Baron... — *Paris, Jean Thomas Herissant, rue Saint-Jacques*, 1756, in-4°.

Les admirables secrets d'Albert le Grand, ... divisés en quatre livres. — *Lyon, chez les héritiers de Beringos*, 1764, in-12.

Le Manuel des Dames de Charité, ou Formules de Medicamens faciles à préparer ... 5e édition. — *Paris, Debure l'aîné*, 1765, in-12.

La Thériacade ou l'Orviétan de Léodon, poème héroï-comique. — *A Genève, et se trouve à Paris, chez Merlin, rue de la Harpe*, 1769, in-12.

Matière Médicale raisonnée, ... à l'usage des élèves de l'Ecole Royale Vétérinaire, avec les formules médicinales de la même école, ... par M. Bourgelat, Inspecteur général des Ecoles Vétérinaires, membre de l'Académie Royale des Sciences... — *Lyon, imp. de Jean Marie Bruyast, rue Saint-Dominique*, 1771, in-8°.

Eléments de pharmacie théorique et pratique, ... par M. Baumé, Maître Apothicaire de Paris, et de l'Académie Royale des Sciences, 3e édition ... — *Paris, chez Samson, quai des Augustins*, 1773, in-8°.

Dictionnaire Botanique et pharmaceutique, contenant les principales propriétés des minéraux, des végétaux et des animaux d'usage ... — *Rouen, Pierre Dumesnil*, 1787, in-12.

Jeton de Martinenq, doyen de la Faculté de médecine de Paris, relatif à la Pharmacopée.
(*Collection de M. H. Sarriau.*)

COLLECTION DE M. E. LÉPINOIS (1)

7, rue de la Feuillade, et 12, rue la Vrillière.

FAÏENCES ET VERRERIES A USAGE PHARMACEUTIQUE, MORTIERS ET LIVRES TRAITANT DE LA PHARMACIE ET DES SCIENCES QUI S'Y RATTACHENT

Vase de pharmacie en faïence de Nevers, tradition italienne (commencement du XVIIe siècle). (*Collection Lépinois.*)

Faïences françaises. — La céramique française était représentée, dans la collection Lépinois, par deux pièces exceptionnelles; l'une nous fait remonter presque au début de la faïence à Nevers, l'autre est un spécimen d'un atelier parisien de la plus grande rareté, auquel s'attache en outre un intérêt historique tout particulier.

Le premier est un grand vase à couvercle, à décor polychrome sur fond manganèse, avec des anses en torsade. D'un côté on lit l'inscription : *Nuces conditae*, placée dans un cartouche entouré de têtes d'anges et de draperies décoratives; de l'autre côté, est peinte en jaune, sur un fond de paysage en bleu, une scène à trois personnages, dont un Amour apothicaire dans l'exercice de ses fonctions.

Ce vase, du début du dix-septième siècle, appartient par son style et son coloris à la tradition italienne de la faïence de Nevers, mais ne peut être rangé dans la catégorie des premières pièces sorties de l'atelier des Conrade, pièces caracté-

(1) Les notes que M. Lépinois a bien voulu nous remettre sur sa précieuse collection nous ont été des plus utiles et nous sommes heureux de lui en témoigner ici notre reconnaissance.

risées d'ordinaire par un fond bleu ondé qui accompagne des scènes, où des dieux marins prennent leurs ébats.

La seconde faïence à laquelle nous faisions allusion en commençant, est une des rares pièces connues (1) d'une fabrique parisienne, celle de Digne, fondée en 1750, rue de la Roquette. C'est un vase cylindrique, à couvercle, d'un décor tout à fait rouennais (2), où le cartouche destiné à l'inscription pharmaceutique est resté blanc ; au-dessus, se trouve un écu losangé aux armes d'une princesse de la maison d'Orléans (de France au lambel à trois pendants), surmonté de la couronne fleurdelisée.

Faïences italiennes. — Les majoliques de la collection Lépinois comptent un certain nombre de pièces remarquables provenant des ateliers de Castel Durante, Urbino, Faenza, Castelli, etc., du quinzième au dix-septième siècle.

Parmi les plus belles, sont deux vases de pharmacie, dits *albarelli*, en faïence de Castel Durante, à fond bleu, ornés d'instruments de musique, et d'emblèmes guerriers. A la base de l'un d'eux, on lit : *V. Litrigerio ;* sur l'une des faces est peinte une scène familière aux céramistes italiens, Amphitrite debout sur un dauphin et tenant une voile gonflée par le vent.

Mortiers. — M. Lépinois avait prêté plusieurs mortiers de bronze intéressants ; nous en citerons un surtout, de petite dimension, décoré de gaines en relief, alternant avec des médaillons allégoriques relatifs aux lettres, aux sciences et aux arts. L'un de ces médaillons est un curieux surmoulage d'une médaille d'Albert Durer, où l'on voit son buste entouré d'une inscription se rapportant à l'année de la mort du peintre : *Imago Alberti Durerí ætatis suae LVI ;* cette inscription fixe ainsi l'époque de notre mortier qui ne peut être antérieur à l'année 1528.

Mortier de bronze (xvie siècle).
(*Collection Lépinois.*)

Livres. — Le seizième siècle fit faire de grands progrès aux sciences naturelles, nous en avons des preuves dans les beaux ouvrages publiés à cette époque et exposés au Musée centennal.

(1) Il en existe une au Musée céramique de Sèvres, et deux au Musée de Cluny (n°s 3 060 et 3 061).
(2) La décoration de ces pièces les avait fait attribuer aux ateliers rouennais ; ce sont les travaux de Riocreux qui ont déterminé leur origine parisienne.

Du médecin et botaniste allemand, Othon Brünfels (1488-1534), qui, avant de trouver sa voie, avait été successivement chartreux et maître d'école, nous avions sous les yeux, l'œuvre principale : *Herbarum vivae icones*, publiée de 1530 à 1536, avec des planches remarquables.

Au seizième siècle également, appartient ce Conrad Gesner (1516-1565), qui suivit les leçons de Cujas et qui était en correspondance avec les grands voyageurs et les naturalistes célèbres de son temps. Dans son *Histoire naturelle des animaux*, il commença à employer la division en genres et en familles.

Gravure extraite de la *Phytographia curiosa* d'Abraham Munting.

Mais, parmi les savants d'alors, tous n'étaient pas comme Gesner, qui ne quitta pas Zurich ; il en était d'autres qui voulaient voir par eux-mêmes les objets de leurs études. Ulysse Aldrovandi (1522-1607) voyagea à travers l'Europe entière, pour réunir les matériaux de son *Histoire naturelle*, et il fit exécuter par des peintres une grande quantité de reproductions. Aussi les sommes énormes qu'il dépensa l'auraient réduit à la misère la plus complète, sans les secours que lui accorda le Sénat de Bologne. Encore ne vit-il que les quatre premiers volumes de son ouvrage terminés avant de mourir, les neuf autres furent publiés plus tard sous la direction du Sénat.

Tel est le rapide aperçu de cette importante série, qui témoigne suffisamment que les pharmaciens d'autrefois, sans doute moins préoccupés des questions matérielles que leurs successeurs d'aujourd'hui, avaient le loisir de développer chez eux le sens esthétique et de cultiver le goût du beau.

LISTE DES OBJETS EXPOSÉS PAR M. LÉPINOIS

I. — FAÏENCES

Faïences françaises. — Cinq petits vases en faïence de Lille, décor bleu sur fond blanc. Les cartouches qui renferment les inscriptions sont accostés de deux paons. (Dix-huitième siècle.)

Faïence de Paris (XVIIIe siècle). Pharmacie de la duchesse d'Orléans. (*Collection Lépinois.*)

Vase en faïence de Rouen, décor bleu sur fond blanc; cartouche portant l'inscription *Theriaca;* du même côté, écu à trois mitres, peut-être les armes d'une abbaye. Sur la face opposée, le monogramme des Bénédictins. (Dix-huitième siècle.)

Deux cornets en faïence de Rouen, décor polychrome sur fond blanc. Inscriptions pharmaceutiques. (Dix-huitième siècle.)

Paris, fabrique de Digne, rue de la Roquette. Vase cylindrique, à décor rouennais, cartouche en blanc, surmonté d'un écu couronné, aux armes d'une princesse de la maison d'Orléans (vers 1750). (Voir la figure.)

Grand vase en faïence de Nevers, première époque, tradition italienne, anses en torsades, et décor polychrome sur fond manganèse. D'un côté on lit dans un cartouche : *Nuces Conditae;* de l'autre, une scène fantaisiste à trois personnages. (Commencement du dix-septième siècle.)

Même provenance. Quatre vases, avec cartouches à inscriptions. Décor à fleurs bleues. (Dix-huitième siècle.)

Deux vases cylindriques en faïence de Marseille; inscriptions pharmaceutiques, entourées de branches croisées avec fleurs et fruits (dix-huitième siècle.)

Deux chevrettes, faïence du Midi de la France. Décor bleu sur fond blanc et anse de forme élégante, ornée d'un macaron. Sur la panse on lit : *Mel Rosatum* et *S. de Rosis Siccis.* (Dix-septième siècle.)

Bouteille à panse renflée de même époque et de même fabrication, mais sans inscription.

Faïences étrangères. — Vase de pharmacie en faïence de Turin. Décor bleu sur fond blanc; monogramme religieux avec l'inscription : *S. De. Regolitio*, en caractères gothiques. Au revers, les armes de la ville. (Dix-septième siècle.)

Deux cornets de pharmacie, dits *albarelli*, en faïence de Castel-Durante à fond bleu, décorés des emblèmes de la guerre et de la musique. Par devant, Amphitrite, debout sur un dauphin, tenant une voile gonflée par le vent. A la base de l'un des deux, on lit : *V. Litrigerio.* (Seizième siècle.)

Six autres vases de même provenance, motifs décoratifs et arabesques en camaïeu sur fond généralement bleu. (Dix-septième siècle.)

Autre vase de même forme et même provenance, saint François recevant les stigmates. De l'autre côté, arabesques polychromes sur fond bleu. (Dix-septième siècle.)

Deux aiguières en faïence d'Urbino, avec cartouches portant les inscriptions suivantes : *Mel. Rost. Zuc. Sul.* et *Sy. Di. Bretonica*. Sur les anses la marque R°. (Seizième siècle.)

Deux vases en faïence de Faenza (?), décorés d'arabesques jaunes et bleues sur fond blanc, avec inscriptions pharmaceutiques. (Quinzième siècle.)

Deux vases même provenance, décor en camaïeu bleu et cartouches avec les inscriptions suivantes : *Ell. D. Silio* et *V. Corag*. Derrière, la date 1578.

Aiguière et cornets même provenance, fleurs polychromes sur fond bleu, chaque pièce portant une tête de profil dans un médaillon. (Dix-septième siècle.)

Aiguière en faïence de Monte Lupo (?). Décor polychrome sur fond blanc, écusson armorié et la légende *Sy. Di. Agro. Di. Cedro*. (Seizième siècle.)

Deux cornets même provenance, avec la date 1561 et les légendes *Gras. Danetra* et *Vng° Aureo*.

Vase à panse renflée, en faïence de Castelli. Écusson armorié et guirlandes de fleurs. Saint Laurent et ses attributs, légende : *A. Menta*. (Fin du seizième siècle.)

Aiguière, même suite, légende : *Ol. Ros. Compl.*

Deux cornets, même suite, avec les légendes : *Spico Nardo* et *Costo Amaro*.

Petit vase en faïence de Lindos. Décor persan. (Quinzième ou seizième siècle.)

II. — VERRERIES

Trois vases en verre émaillé, monture en étain au col. Travail allemand. (Dix-huitième siècle.)

III. — MORTIERS

Mortier en bronze décoré de médaillons allégoriques et d'un surmoulé de médaille portant le buste d'Albert Durer, entouré de la légende *Imago Alberti Dureri Aetatis Suae LVI*, c'est-à-dire au moment de sa mort. Travail allemand du seizième siècle, postérieur à l'année 1528, date de la mort du peintre. (Voir la figure, p. 56.)

Sept mortiers divers en bronze. Travail français du seizième siècle.

Mortier en bronze portant une inscription et la date 1662. Travail flamand.

Mortier en bronze (1709), décoré de têtes vues de profil. Sur la panse les lettres H. B. T., probablement les initiales du fondeur.

IV. — LIVRES

Herbarum vivæ icones, ... per Oth. Brünf ... 1530. — *Strasbourg*, *Jean Schott*, 1530, in folio.

Reliure en peau de truie, plats ornés et fermoirs en cuivre ciselé.

Gravure extraite de la *Phytographia curiosa* d'Abraham Munting.

Gesner (Conrad). — Historiæ animalium libri V. — *Tigurini*, *Froshover*, 1551, 5 vol. in-folio. Pl.

Aldrovandi (Ulysse). — Opera omnia. — *Bononiæ*, 1638 à 1668, 13 vol. in-folio. Pl.

Hippocrate. — Opera omnia quæ extant nunc recens latina interpretatione, ... Anusio Foesio authore, ... — *Genevae, typis J. Chouet*, 1657, in-folio.

Jonston (Jean). — Historia naturalis, ... — *Impensa Matt. Meriani, Francof : ad-Moen*, 1650-1653, 5 tomes en 2 vol. in-folio. Pl.

Métamorphoses naturelles ou histoire des insectes, ... par Jean Goedart. — *Amsterdam, Georges Gallet*, 1700, 2 vol. in 8°.

Abrahami Muntingii, ... Phytographia curiosa, ... — *Amstelœdami, apud Rod. et Gerh. Westenios*, MDCCXIII, in-folio. Pl.

Leclerc (Daniel). — Histoire de la médecine, ... — *A La Haye, chez Isaac Van der Kloot*, MDCCXXIX, in-4°.

Vase de pharmacie en faïence de Nevers
(XVIIIe siècle).

Fondée en 1885, la Société mycologique de France peut revendiquer le titre de première en date parmi toutes les Sociétés du monde s'occupant de l'étude des champignons. C'est que, nulle part encore, ne s'était trouvée réunie une pléiade de mycologues, analogue à celle qui existait alors en France et à laquelle il ne manquait qu'une organisation et un centre commun pour marcher à pas de géant et susciter de toutes parts des adhésions et des imitateurs.

Ce qui montre bien qu'un tel groupement répondait à un besoin, c'est que, sur la première liste de membres fondateurs parue en mai 1885, on ne remarque pas moins de 128 noms, parmi lesquels on retrouve tous ceux qui illustrent actuellement la Mycologie française, et, sur les 128 sociétaires, on pouvait déjà compter 14 étrangers.

Le premier bureau était ainsi composé : *Président*, M. Quélet; *Vice-président*, M. Boudier; *Secrétaire général*, M. Mougeot ; *Secrétaire adjoint*, M. Lapicque ; *Trésorier*, M. Haillant; *Archiviste*, M. Forquignon.

Il existait alors deux sections : celle du Sud-Est, avec M. Barla comme président honoraire, J.-E. Planchon comme président effectif, et Réguis comme secrétaire; celle du Sud-Ouest, avec M. Guillaud comme président, Heckel comme vice-président, et Merlet comme secrétaire.

Quatre ans après, en 1889, le nombre des membres était de 246, dont 23 étrangers. Depuis lors, le nombre des membres, tant Français qu'étrangers, n'a cessé de s'accroître et la Société mycologique peut revendiquer une place tout à fait honorable parmi les sociétés scientifiques françaises, tant par le nombre de ses adhérents que par l'importance des travaux qui sont publiés dans son Bulletin.

Ce bulletin a d'ailleurs suivi la même progression que les membres. Le premier fascicule, paru en mai 1885, ne contenait que 132 pages. Il est vrai que

les deux mémoires qu'il renfermait étaient des monuments scientifiques de haute valeur : c'était d'abord une liste générale des champignons *exosporés* spécialement observés dans les Vosges par MM. Quélet, Mougeot, Ferry, Forquignon et Raoult, et une nouvelle classification naturelle des *Discomycètes charnus* (*Pezizes*) par M. Boudier.

En 1889, le bulletin, qui paraît désormais en quatre fascicules trimestriels, comptait cxxii.-177 pages et 19 planches hors texte dont 11 en couleurs.

Déjà la Société tenait chaque année une session extraordinaire, au cours de laquelle elle organisait une exposition de champignons vivants. Ces expositions, qui s'adressent au grand public, ont bien vite conquis tous les suffrages et remporté un succès de plus en plus grand. Une semblable exposition a eu lieu au Palais des Congrès, à l'occasion du Congrès international de botanique, et d'innombrables visiteurs sont venus y chercher un précieux enseignement pratique.

La vitrine de la Société mycologique renfermait la collection de son Bulletin (1885-1900), qui montre mieux que toute statistique les progrès accomplis. Des aquarelles artistiques, dues à plusieurs membres de la Société, notamment MM. Peltereau, Harlay et Guéguen, représentent un choix d'espèces importantes à connaître. Telles devraient bien être toutes les figures répandues dans le public et dont l'inexactitude presque constante est la cause d'erreurs funestes.

De son côté, M. Lutz expose une partie de sa collection de champignons conservés depuis plusieurs années avec leurs couleurs naturelles. Il obtient ce résultat par des procédés qui lui sont particuliers et qu'il n'a pas encore livrés à la publicité, se réservant de le faire lorsque ses essais auront été contrôlés par une série prolongée de recherches.

Les services rendus à la science et au public par la Société mycologique méritent d'être encouragés, et l'on ne peut que lui souhaiter de persévérer dans la voie brillante que lui ont tracée les Boudier, les Quélet, les Barla, les Saccardo, les Cooke, les Bresadola, les Bourquelot et tant d'autres maîtres incontestés de la mycologie française et étrangère.

LISTE DES OBJETS EXPOSÉS PAR LA SOCIÉTÉ MYCOLOGIQUE

Vingt-huit planches coloriées choisies parmi celles qui illustrent les derniers Bulletins de la Société, et qui sont annexées à divers travaux de MM. Boudier, Bresadola, Mangin, Ménier, Rolland, Saccardo.

Plusieurs aquarelles de M. Guéguen, représentant les champignons suivants, avec leurs organes reproducteurs grossis et dessinés à la chambre claire : *Solenia digitalis*, *Lycoperdon gemmatum*, *Lycoperdon piriforme*, *Nectria cinnabarina*, *Morchella intermedia*.

Un certain nombre d'aquarelles de M. Harlay, relatives aux espèces suivantes : *Amanita phalloides*, *Tricholoma Russula*, *Volvaria gloiocephala*, *Hygrophorus olivaceo-albus*, *Hygrophorus pudorinus*, *Leucocoprinus cepaestipes*, *Gomphidius viscidus*, *Boletus tessellatus*, *Polyporus Montagnei*.

Enfin cinq aquarelles de M. Peltereau, concernant les *Boletus luteus*, *badius*, *æreus*, *duriusculus*, *versipellis*.

Collection Lutz. (Champignons conservés dans des liquides qui leur ont permis de garder leurs teintes naturelles.)

Cette réunion comprend les espèces suivantes, récoltées et préparées du 22 juin 1897 au 20 mai 1900 :

Amanita citrina, Amanita rubescens, Tricholoma rutilans, Tricholoma Russula, Clitocybe odora, Laccaria laccata, Collybia atrata, Pleurotus lignatilis, Pholiota destruens, Flammula alnicola, Stropharia æruginosa, Hypholoma fasciculare, Coprinus micaceus, Cortinarius albo-violaceus, Cortinarius sanguineus, Cortinarius bolaris, Cortinarius collinitus, Cortinarius varius, Cortinarius glaucopus, Cortinarius cinnamomeus, Gomphidius viscidus, Russula cyanoxantha, Cantharellus cibarius, Cantharellus Friesii, Boletus luridus, Merulius tremellosus, Hydnum erinaceum, Tremellodon gelatinosum, Craterellus cornucopioides, Dacrymyces deliquescens, Leotia lubrica, Peziza coronata, Chlorosplenium æruginosum, Torrubia ophioglossoides, Ascobolus marginatus.

Gravure extraite de la *Phytographia curiosa*, d'Abraham Munting.

ÉCHANTILLONS EN NATURE

Simblum rupescens, Phallus impudicus, Torrubia ophioglossoides, Trametes elegans, Dædalea quercina, Polyporus nigricans, Polyporus lucidus, Eutypa phaselina, Stereum tabacinum, Xylaria hypoxylon, Elaphomyces granulatus, E. Leveillei, etc.

Parasites végétaux : *Claviceps purpurea, Plasmodiophora brassicæ, Thiobolus graminis, Isaria destructor*, etc.

Blanc de champignon commercial.

Chapeau fabriqué avec de l'amadou.

M. Boudier, président honoraire de la Société mycologique de France, 22, rue de Grétry, à Montmorency (Seine-et-Oise).

Série remarquable de 33 aquarelles in-4°, représentant avec la plus grande fidélité des Champignons dans leur port et leurs couleurs naturelles, accompagnés de leurs caractères microscopiques les plus remarquables, exécutés à la chambre claire.

Liste des aquarelles exposées : *Amanita Eliæ*, *Amanita vaginata var. fulva*, *Amanita strangulata*, *Lepiota Badhami*, *Armillaria rufa*, *Tricholoma Georgii*, *Clitocybe gymnopodia*, *Pleurotus spodoleucus*, *Pleurotus cornucopioides*, *Volvaria speciosa*, *Pluteus patricius*, *Leptonia euchora*, *Psalliota Elvensis*, *Coprinus atramentarius*, *Cortinarius turbinatus*, *Cortinarius prasinus*, *Cortinarius mucidus*, *Cortinarius Bulliardi*, *Russula sororia*, *Lac-*

LE PHARMACIEN

Gravure extraite de l'*Assemblage nouveau des manouvriés habilles*, par Martin Engelbrecht.

(*Collection F. Carnot.*)

tarius flavidus, *Lactarius uvidus*, *Lactarius lilacinus*, *Lentinus degener*, *Boletus reticulatus*, *Boletus parasiticus*, *Boletus Leguei*, *Boletus porphyrosporus*, *Polyporus leucomelas*, *Polyporus nigricans*, *Trametes Pini*, *Morchella vulgaris*, *Physomitra infula*, *Humaria rubricosa*.

COLLECTIONS DIVERSES

A côté des collections que nous venons d'examiner, et qui, comme celles de MM. Heudier et Lépinois, nous reportaient au milieu dans lequel vivaient les apo-

LA FEMME DU PHARMACIEN
Gravure extraite de l'*Assemblage nouveau des manouvriés habilles*, par Martin Engelbrecht.
(*Collection F. Carnot.*)

thicaires des siècles passés, en mettant sous nos yeux leur outillage, il en était d'autres, formées exclusivement au point de vue scientifique et d'aspect naturellement plus modeste.

De ce nombre était celle de M. Alexandre de Bosredon (1), relative à la trufficulture.

(1) A la Fauconnie (Dordogne).

Le commerce des truffes a pris dans notre pays une grande extension pendant la deuxième moitié du dix-neuvième siècle. Si en 1856 l'importation, presque en totalité d'origine italienne, ne dépassait pas 2037 kilogrammes et l'exportation 43673 kilogrammes, en 1880, au contraire, la France recevait de l'étranger 12053 kilogrammes et lui expédiait la quantité considérable de 205444 kilogrammes, chiffre qui n'a été, il est vrai, dépassé qu'en 1890.

M. de Bosredon, qui s'est consacré depuis de longues années à l'étude de la

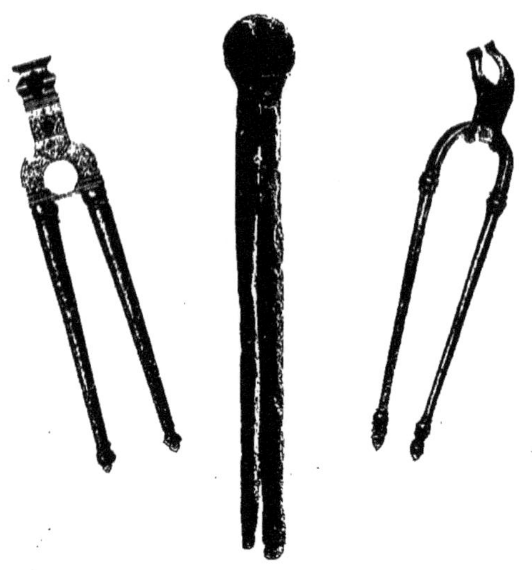

Casse-noisettes du xve et du xviie siècle.

(Collections Couturieux et Le Secq des Tournelles.)

culture de la truffe, et dont un des ouvrages a été couronné par l'Institut en 1889, nous a montré, malgré l'espace restreint dont il disposait, les résultats importants de ses travaux, sous forme de tableaux synoptiques, livres, gravures, etc...

Nous ne saurions mieux faire que de reproduire ici les lignes suivantes que notre collègue, M. Coirre, a consacrées à son exposition dans son savant rapport de la Classe 54.

M. de Bosredon a exposé « une série d'arbres truffigènes avec leurs glands, provenant de truffières du Périgord, du Lot, de la Provence ; des conserves de truffes du Périgord, du Lot, de la Provence, de l'Ardèche, des Basses-Alpes, en flacons de verre, ce qui permettait de comparer l'aspect de ces différents produits ; enfin, diverses variétés de *Kames* ou *Terfaz* (truffes de l'Algérie), provenant des douars de Belouachat et de Bazer, avec un pied de cyste sous lequel on récolte ces tubercules... »

MM. Deramé et Rousseau nous avaient confié des herbiers de plantes médicinales ; M. Camus (E.-G.) avait exposé également un herbier renfermant des plantes rarissimes de la flore européenne et une série de très belles aquarelles et de dessins de Graminées et de Cypéracées, résultat de plus de vingt ans de travail suivi.

M. Paul Lesaint avait envoyé également des aquarelles reproduisant des produits végétaux usités en pharmacie et en herboristerie, et M. Charles Cuisin, un certain nombre de dessins de champignons comestibles ; sur les champignons également, M. le professeur Radais avait présenté un grand nombre de documents intéressants.

Enfin, Mlle Eugénie Gallet exposait une collection de plantes renfermées dans des flacons et utilisées autrefois dans les campagnes comme remèdes populaires, et M. Couturieux, plusieurs pièces relatives à la matière médicale, ainsi qu'un casse-noisettes en fer du quinzième siècle.

La réunion de ces collections, à la fois scientifiques et historiques, constituait un ensemble d'autant plus intéressant que l'utilisation des plantes médicinales a subi de nos jours une transformation complète. L'emploi direct des simples en thérapeutique est de moins en moins grand, conduisant ainsi à la suppression des vases artistiques servant à leur conservation. Les progrès de la science ont permis en effet de substituer aux plantes elles-mêmes leurs éléments chimiques, et la plupart, aussitôt leur cueillette, sont immédiatement traitées pour en extraire les principes utilisables en pharmacie.

Bague de pharmacien, argent doré (XVIIe siècle).

(*Collection F. Carnot.*)

TABLE DES MATIÈRES

SAINT-CLOUD. — IMPRIMERIE BELIN FRÈRES.

www.ingramcontent.com/pod-product-compliance
Ingram Content Group UK Ltd.
Pitfield, Milton Keynes, MK11 3LW, UK
UKHW020210200726
13856UKWH00004B/1309

9 782013 073509